ZEITSCHRIFT FÜR ANGEWANDTE MATHEMATIK UND MECHANIK

INGENIEURWISSENSCHAFTLICHE FORSCHUNGSARBEITEN

BAND 63 1983 HEFT 1

AUS DEM INHALT

THEORIA CUM PRAXI

AKADEMIE-VERLAG · BERLIN

ISSN 0044-2267 Z. angew. Math. u. Mech., Berlin 63 (1983) 1, 1—72 EVP 18,— M 34115

INHALT

Wir bitten, **Manuskriptsendungen** zweifach (Original und eine Kopie, sprachlich einwandfrei, Formeln mit Maschine oder in Druckschrift geschrieben) an folgende Anschrift zu richten:

Zeitschrift für Angewandte Mathematik und Mechanik
Institut für Mechanik der Akademie der Wissenschaften der DDR
DDR-1199 Berlin, Rudower Chaussee 5

Zu den Arbeiten, die als Hauptaufsätze bestimmt sind, ist auf gesondertem Blatt eine Zusammenfassung von 5 bis 10 Zeilen in englischer und (möglichst) deutscher und russischer Sprache beizufügen. Ausführliche Hinweise für die Autoren, um deren strikte Berücksichtigung gebeten wird, finden sich im Anschluß an das Inhaltsverzeichnis des Jahrganges **61** (1981).

Die Autoren erhalten von den Hauptaufsätzen 75, von den Kleinen Mitteilungen 25 Sonderdrucke ohne Berechnung, darüber hinaus weitere Sonderdrucke gegen Berechnung.

Der Verlag behält sich für alle Beiträge das Recht der Vervielfältigung und Übersetzung vor.

Bestellungen sind zu richten

- **in der DDR** an den Postzeitungsvertrieb unter Angabe der Kundennummer des Bestellenden oder an den AKADEMIE-VERLAG, DDR-1086 Berlin, Leipziger Str. 3—4, PSF 1233;
- **im sozialistischen Ausland** an eine Buchhandlung für fremdsprachige Literatur oder an den zuständigen Postzeitungsvertrieb;
- **in der BRD und Berlin(West)** an eine Buchhandlung oder an die Auslieferungsstelle KUNST UND WISSEN, Erich Bieber OHG, D-7000 Stuttgart 1, Wilhelmstraße 4—6;
- **in den übrigen westeuropäischen Ländern** an eine Buchhandlung oder an die Auslieferungsstelle KUNST UND WISSEN, Erich Bieber GmbH, CH-8008 Zürich, Dufourstraße 51;
- **im übrigen Ausland** an den Internationalen Buch- und Zeitschriftenhandel; den Buchexport, Volkseigener Außenhandelsbetrieb der Deutschen Demokratischen Republik, DDR-7010 Leipzig, Postfach 160; oder an den AKADEMIE-VERLAG, DDR-1086 Berlin, Leipziger Straße 3—4.

ZEITSCHRIFT FÜR ANGEWANDTE MATHEMATIK UND MECHANIK

Herausgeber und Chefredakteur: Prof. Dr. Günter Schmidt. Redaktion: Dipl.-Math. Friedhild Dudel, Dr. Winfried Heinrich, Bernhilde Schwertfeger, Dr. Horst Weinert, Institut für Mechanik der Akademie der Wissenschaften der DDR. Verlag: Akademie-Verlag, DDR-1086 Berlin, Leipziger Straße 3—4; Fernruf: 2236221 oder 2236229; Telex-Nr.: 114420; Bank: Staatsbank der DDR, Berlin, Kto.-Nr.: 6886-20712. Anschrift der Redaktion: Institut für Mechanik der Akademie der Wissenschaften, DDR-1199 Berlin, Rudower Chaussee 5; Fernruf: 6743643 u. 6743639

Veröffentlicht unter der Lizenznummer 1282 des Presseamtes beim Vorsitzenden des Ministerrates der Deutschen Demokratischen Republik. Gesamtherstellung: VEB Druckerei „Thomas Müntzer", 5820 Bad Langensalza. Erscheinungsweise: Die Zeitschrift für Angewandte Mathematik und Mechanik erscheint monatlich. Die 12 Hefte eines Jahres einschließlich Tagungshefte bilden einen Band. Bezugspreis je Band 360,— M zuzüglich Versandspesen (Preis für die DDR 216,— M). Bezugspreis je Heft 30,— M (Preis für die DDR 18,— M). Bestellnummer dieses Heftes: 1009/63/1.

AN (EDV) 35937

ZAMM 63, 1—2 (1983)

FRIEDRICH ADOLF WILLERS 1883—1959

Am 29. Januar 1983 jährt sich zum hundertsten Male der Geburtstag von FRIEDRICH ADOLF WILLERS. Für die Zeitschrift für Angewandte Mathematik und Mechanik (ZAMM), um die er sich außerordentliche Verdienste erworben hat, ist dieser Tag ein willkommener Anlaß, seinem Andenken ein Sonderheft zu widmen und mit den darin veröffentlichten Arbeiten zum Ausdruck zu bringen, daß sein Wirken bis in die Gegenwart ausstrahlt. Ein Jahr nach seinem Tode am 5. Januar 1959 hat die ZAMM sein Leben und Wirken bereits in einem Sonderheft [**40-1** (1960)] ausführlich gewürdigt und bei dieser Gelegenheit auch das umfangreiche Verzeichnis seiner wissenschaftlichen Bücher und Aufsätze veröffentlicht. Es mag daher jetzt an seinem 100. Geburtstag genügen, die wichtigsten Daten seines Lebens in aller Kürze aufzuzeigen.

Als Sohn des Lehrers, Kantors und Organisten JOHANNES WILLERS in Bremervörde geboren, studierte FRIEDRICH ADOLF WILLERS, nachdem er in Northeim und Stade seine Schulbildung erhalten hatte, in Jena und Göttingen Mathematik und Physik mit dem Ziel der Ausbildung für das Lehramt an höheren Schulen. Hier schloß er sich vor allem den Professoren ERNST WIECHERT und CARL RUNGE an. Bei dem Letztgenannten promovierte er 1906 mit der vielbeachteten Dissertation „Die Torsion eines Rotationskörpers um seine Achse", die seinen späteren wissenschaftlichen Arbeitsstil bereits deutlich erkennen ließ. Im Jahre 1907 beendete er das Studium mit dem Staatsexamen für den höheren Schuldienst, doch blieb er während der folgenden Jahre, in denen er im Schuldienst tätig war, der Universität und der Forschung — zeitweise als Assistent arbeitend — innig verbunden. Seine ersten Veröffentlichungen verraten ein breit gefächertes Interesse an den verschiedenartigsten Anwendungen der Mathematik und an Methoden zur Lösung der dabei anfallenden Aufgaben. Von entscheidender Bedeutung dürfte die Arbeit an dem umfangreichen Artikel „Numerische und graphische Quadratur und Integration gewöhnlicher und partieller Differentialgleichungen" gewesen sein, den er zusammen mit seinem Lehrer CARL RUNGE für die Enzyklopädie der Mathematischen Wissenschaften (Bd. II, 3. Teil, 1. Hälfte, S. 47—176, Leipzig 1915) verfaßt hat. Dieser Arbeit folgten bald — in Form von Aufsätzen und Göschenbändchen — eigene Darstellungen dieses wichtigen Teilgebietes der Praktischen Analysis und im Jahre 1928 sein überaus bedeutsames und für die damalige Zeit neuartiges und sich durch große Vollständigkeit auszeichnendes Buch „Methoden der Praktischen Analysis", das über Jahrzehnte hinweg maßgebend gewesen ist, in den Jahren 1950 und 1957 in verbesserter und erweiterter Form seine 2. und 3. Auflage erfahren hat und sogar 1971 noch einmal aufgelegt worden ist.

F. A. WILLERS hatte sich 1923 — bis dahin ständig im Schuldienst tätig — an der Technischen Hochschule in Berlin-Charlottenburg habilitiert, erhielt danach verschiedene Lehraufträge an Berliner Hochschulen und wurde

1928 als Ordinarius für Mathematik und Darstellende Geometrie an die Bergakademie in Freiberg (Sa) berufen. Hier leistete er — auch von der Gegenwart aus gesehen — Beispielhaftes in der interdisziplinären Zusammenarbeit mit den ingenieurwissenschaftlichen Instituten. Leider mußte er schon 1934 auf Grund massiver Unstimmigkeiten mit der NS-Studentenschaft diese Tätigkeit aufgeben und sich vorzeitig emeritieren lassen. In dieser schwierigen Zeit fand er in dem Dresdener Ordinarius für Mathematik ERICH TREFFTZ, der ein aufrechter Demokrat war, einen zuverlässigen Freund. Das führte nicht nur zu einer fruchtbaren wissenschaftlichen Arbeit, die sich in wichtigen gemeinsamen Veröffentlichungen niederschlug, sondern TREFFTZ war damals als Nachfolger von R. v. MISES, der 1921 die ZAMM gegründet hatte und 1934 aus Deutschland emigrieren mußte, Herausgeber dieser Zeitschrift und fand in WILLERS einen wertvollen Mitarbeiter. Als TREFFTZ (geb. 1888) im Jahre 1937 viel zu früh verstarb, übernahm WILLERS die Herausgeberschaft, um sie über 22 Jahre hinweg bis zu seinem Tode innezuhaben. Er hätte diese verantwortungsvolle Tätigkeit nicht ausüben können, wenn er nicht die Anwendungen der Mathmatik und — vor allem nach seiner Zusammenarbeit mit TREFFTZ — auch die Mechanik in großer Breite beherrscht hätte. Er hat die ZAMM in dieser langen Zeit mit außerordentlichen wissenschaftlichen Verantwortungsbewußtsein geführt und ihr ein unverwechselbares Gesicht gegeben. Nach dem zweiten Weltkrieg war er es, der die ZAMM als erste mathematische Zeitschrift auf deutschem Boden wieder erstehen ließ, die bei dieser Gelegenheit in den neu gegründeten Akademie-Verlag der späteren Deutschen Demokratischen Republik übergeführt worden ist.

Wenn seit dem zweiten Weltkrieg bis in unsere Tage hinein alljährlich die Vorträge, die auf den GAMM-Tagungen gehalten werden, in der ZAMM veröffentlicht werden, so ist auch dies letzten Endes seiner Initiative zu verdanken.

Die Rehabilitation von WILLERS als Hochschullehrer nahm 1939 ihren Anfang, als ihm an der Technischen Hochschule Dresden die Vertretung des erkrankten Ordinarius für Angewandte Mathematik M. LAGALLY übertragen wurde. Sie wurde aber erst vollständig, als er 1944 zu dessen Nachfolger berufen wurde.

Nach dem zweiten Weltkrieg hat sich F. A. WILLERS um den Wiederaufbau der schwer zerstörten Technischen Hochschule Dresden und ihrer mathematischen Institute unvergängliche Verdienste erworben, die ihm hohe wissenschaftliche und staatliche Auszeichnungen und Ehrungen eingetragen haben. Auf sie ist in dem oben erwähnten Nachruf aus dem Jahre 1960 ausführlich eingegangen worden. Sein 100. Geburtstag wird Anlaß sein, auch diese Seite seines bedeutenden Wirkens als Hochschullehrer und Forscher an geeigneter Stelle noch einmal zu würdigen.

Überblickt man das an Umfang und Vielseitigkeit so reiche Schaffen von WILLERS, so drängt sich der Eindruck auf, daß sein ganzes Leben von dem Bestreben geleitet wurde, den unerschöpflichen Fundus an Wissen, den die Mathematiker erarbeitet haben, möglichst umfassend nutzbar zu machen. Als Anwender war damals vor allem an Natur- und Ingenieurwissenschaftler gedacht. Für diese müssen die mathematischen Hilfsmittel aller Art, seien es nun Diagramme, Instrumente, Algorithmen oder Programme, so weit ausgebildet sein, daß sie — auf der Basis einer soliden mathematischen Grundausbildung — weitgehend ohne ständigen Kontakt mit dem Mathematiker eingesetzt werden können; Höhepunkt dieser Arbeitsrichtung stellen in der Gegenwart die ausgeklügelten Programmpakete dar. WILLERS hat die Vorstufe dieser Entwicklung zeit seines Lebens durch eigene Beiträge und Übersichtsartikel wie auch in seinen Monographien oder Vorträgen aktiv gefördert und eine große Ausstrahlungskraft besessen. In einem Alter etwa, in dem die Hinwendung zu Neuem keine Selbstverständlichkeit mehr darstellt, hat er die reichen Möglichkeiten, die sich durch das Aufkommen der elektronischen Rechentechnik andeuteten, von Anfang an in ihren Grundzügen voll erkannt; er hat weitblickend sein Ansehen dafür eingesetzt, daß an der Technischen Hochschule Dresden günstige Vorbedingungen für entsprechende Entwicklungsarbeiten geschaffen wurden. WILLERS verkörperte viele Eigenschaften, die auch aus heutiger Sicht von einem Wissenschaftler und Hochschullehrer gefordert werden. Die Mathematiker der jüngeren Generation können WILLERS an seinem Gedenktage am besten dadurch ehren, daß sie danach streben, diesen Forderungen nachzukommen.

H. HEINRICH

ZAMM 63, 3–11 (1983)

J. W. SCHMIDT H, / SCHNEIDER

Monoton einschließende Verfahren bei additiv zerlegbaren Gleichungen

Zum Gedenken an FRIERICH ADOLF WILLERS aus Anlaß seines 100. Geburtstages

Zur monotonen Lösungseinschließung bei nichtlinearen Gleichungen wird eine Klasse von Verfahren entwickelt, welche als wichtige Sonderfälle Verfahren vom Newton-, Regula falsi- und Jacobi-Newton-Typ enthält. In Abschwächung üblicher Monotonieforderungen wird dabei zugelassen, daß sich die Gleichung in Summanden mit unterschiedlichem Monotonieverhalten zerlegen läßt.

For the monotonous enclosure of solutions of nonlinear equations a general class of methods is developed, containing Newton-, Regula falsi- and Jacobi-Newton-type iterations as special cases. In order to weaken the usual monotony assumptions the equation is allowed to be split into additive terms with different monotony behavior.

Рассматривается класс методов чтобы получить последовательности верхних и нижних граней для решения нелинейных уравнений. К этому классу относятся в частном метод типа Ньютона, метод типа секущих и метод типа Якоби-Ньютона. В отличии от случая, когда имеется общее условие монотонности здесь допускается, что слагаемые, составляющие исходное нелинейное уравнение, имеют разный характер монотонности.

1. Einleitung

In halbgeordneten Räumen werden bekanntlich durch monoton einschließende Näherungsverfahren zwei Folgen (x_n) und (y_n) erzeugt, welche die gesuchte Größe x^*, z. B. die Lösung x^* einer Gleichung $F(x) = 0$, in der Form

$$y_n \leqq y_{n+1} \leqq x^* \leqq x_{n+1} \leqq x_n\,, \qquad n \geqq 1\,,$$

eingrenzen. Verfahren dieser Art haben den Vorteil, daß nach der Berechnung eines bestimmten Paares x_n, y_n dessen Güte sofort angegeben werden kann. Zusätzliche Bemühungen zur Aufstellung einer Fehlerabschätzung können entfallen. Weiterhin haben Abschätzungen mit einer Halbordnung nicht die vereinheitlichende und damit vergröbernde Wirkung der Abschätzungen mit Normen. Von Bedeutung ist auch, daß die angesprochenen Verfahren nicht mehr nur lokales Konvergenzverhalten zeigen. Daß zwei Folgen zu berechnen sind, ist dagegen ein Nachteil. Man sollte die Verfahren daher möglichst zur iterativen Nachverbesserung mit gleichzeitiger Fehlerabschätzung von auf anderem Wege erhaltenen Näherungen einsetzen.

Eine Übersicht über Möglichkeiten zur Konstruktion von Einschließungsverfahren gibt z. B. die Arbeit von Schmidt [7]; dort findet man auch zahlreiche weitere Literaturangaben.

Mit der vorliegenden Mitteilung wird das Ziel verfolgt, Einschließungsverfahren vorrangig für solche Gleichungen $F(x) = 0$ zu entwickeln, welche aus Summanden mit unterschiedlichem Monotonieverhalten bestehen. Derartige Gleichungen entstehen z. B. bei der Anwendung des Differenzenverfahrens auf die Randwertaufgabe

$$u'' = 2 \sinh u - \varphi(t)\,, \qquad u(0) = \alpha\,, \qquad u(\gamma) = \beta\,,$$

welche bei vereinfachten Modellen zur Beschreibung innerelektronischer Vorgänge in Halbleiterstrukturen auftritt. Es wird wesentlich an die Arbeiten von SCHMIDT [6], TÖRNIG [10] und SCHNEIDER [9] angeknüpft. Durch Kombination und Weiterentwicklung dort angegebener Verfahren lassen sich für die jetzigen Gleichungen Einschließungsverfahren vom Newton-, Regula falsi- und auch vom Jacobi-Newton-Typ gewinnen. Die Verfahren werden zunächst in allgemeiner Form in halbgeordneten Räumen beschrieben. Danach werden typische Einschließungs- und auch Konvergenzsätze hergeleitet. Von Interesse sind die anschließenden Beispiele für konkrete Realisierungen in endlichdimensionalen Räumen. Den Abschluß bildet ein numerisches Demonstrationsbeispiel.

2. Halbordnungen und Normen

Im weiteren bezeichnet R einen normierten Vektorraum, welcher durch einen Kegel $K \subset R$ mit den Eigenschaften

$$K + K \subset K\,, \qquad \alpha K \subset K \quad \text{für} \quad \alpha \in \mathbb{R}^1_+\,, \qquad K \cap (-K) = \{0\}$$

halbgeordnet ist. Für $x, y \in R$ bedeutet $x \leqq y$, daß $y - x \in K$ ist. Z. B. wird die viel verwendete natürliche Halbordnung im $\mathbb{R}^N$ durch den Kegel

$$K = \{x = (x^{(1)}, \dots, x^{(N)})^T \in \mathbb{R}^N : x^{(1)} \geqq 0, \dots, x^{(N)} \geqq 0\}$$

eingeführt. Ein Kegel wird *normal* genannt, wenn mit einer Konstanten γ aus $0 \leqq x \leqq y$ stets $\|x\| \leqq \gamma \|y\|$ folgt. Er heißt *regulär,* wenn monoton wachsende, der Halbordnung nach beschränkte Folgen konvergent sind. In Banachräumen gilt, daß abgeschlossene, reguläre Kegel auch normal sind, während im $\mathbb{R}^N$ bereits abgeschlossene Kegel regulär und damit auch normal sind.

Für $x, y \in R$ ist das Intervall $[x, y] = \{z \in R: x \leqq z \leqq y\}$. Es werden mit I der Einheitsoperator in R und mit $L(R)$ der Raum der linearen beschränkten Operatoren von R in sich bezeichnet. Für Operatoren $G, H \in L(R)$ bedeutet

$$G \leqq H\,, \quad \text{daß} \quad Gx \leqq Hx \quad \text{für} \quad x \in K$$

gilt. Ein Operator $G \in L(R)$ mit $G \geqq 0$ heißt *positiv*.

3. Verfahren mit monoton zerlegbarer verallgemeinerter Steigung

Es wird die Nullstellenaufgabe

$$F(x) = 0 \tag{1}$$

mit einem nichtlinearen Operator $F: [v_1, u_1] \subset R \to R$ betrachtet. Der Operator F lasse sich additiv zerlegen in

$$F = F^+ + F^- \,. \tag{2}$$

Von SCHMIDT [6] ist definiert worden, daß F eine monoton zerlegbare Steigung besitzt, wenn zu F^+ eine isotone und zu F^- eine antitone Steigung im Sinne von SCHMIDT [5] vorhanden ist. Dieser Begriff soll hier abgeschwächt werden, wobei eine Orientierung an konkret interessierenden Realisierungen im $\mathbb{R}^N$ erfolgt. Hinweise geben die Vorgehensweisen von ORTEGA und RHEINBOLDT [3] und von SCHNEIDER [9] im rein isotonen Fall.

Es mögen Operatoren $\delta F^+, \delta F^-: [v_1, u_1] \times [v_1, u_1] \to L(R)$ mit den Eigenschaften

$$\begin{aligned} F^+(x) - F^+(y) &\leqq \delta F^+(x, y)\,(x - y) \quad \text{für} \quad v_1 \leqq y \leqq x \leqq u_1, \\ F^-(x) - F^-(y) &\leqq \delta F^-(y, x)\,(x - y) \quad \text{für} \quad v_1 \leqq y \leqq x \leqq u_1 \end{aligned} \tag{3}$$

existieren.[1]) Darüber hinaus seien δF^+ *isoton*,

$$\delta F^+(x, y) \leqq \delta F^+(u, v) \quad \text{für} \quad v_1 \leqq y \leqq x \leqq v \leqq u \leqq u_1\,, \tag{4}$$

und δF^- *antiton*,

$$\delta F^-(y, x) \geqq \delta F^-(v, u) \quad \text{für} \quad v_1 \leqq y \leqq x \leqq v \leqq u \leqq u_1\,. \tag{5}$$

In diesem Fall soll die Sprechweise vereinbart werden, daß F eine *monoton zerlegbare verallgemeinerte Steigung* $\{\delta F^+, \delta F^-\}$ besitzt.

Zur Nullstelleneingrenzung ist das auf SCHMIDT [6] zurückgehende Verfahren

$$\begin{aligned} F(x_n) + [\delta F^+(u_n, x_n) + \delta F^-(v_n, y_n)]\,(x_{n+1} - x_n) &= 0\,, \\ F(y_n) + [\delta F^+(u_n, x_n) + \delta F^-(v_n, y_n)]\,(y_{n+1} - y_n) &= 0 \end{aligned} \tag{6}$$

mit $x_n \leqq u_n \leqq x_1$, $y_1 \leqq v_n \leqq y_n$ für $n \geqq 2$ geeignet.

4. Ein erster Einschließungssatz

Es wird mit einem Satz begonnen, der sich besonders übersichtlich beweisen läßt, weil die Lösbarkeit der Iterationsgleichungen direkt vorausgesetzt wird.

Satz 1: *In einem halbgeordneten Vektorraum R habe der auf einem Intervall $[v_1, u_1]$ erklärte Operator F eine monoton zerlegbare verallgemeinerte Steigung $\{\delta F^+, \delta F^-\}$, und für die Startelemente gelte*

$$v_1 \leqq y_1 \leqq x_1 \leqq u_1\,, \qquad F(y_1) \leqq 0 \leqq F(x_1)\,. \tag{7}$$

Weiter seien die Operatoren

$$\delta F^+(u, x) + \delta F^-(v, y) \quad \textit{für} \quad v_1 \leqq v \leqq y \leqq x \leqq u \leqq u_1 \tag{8}$$

invertierbar und ihre Inversen positiv. Dann besteht für die durch das Verfahren (6) erzeugten Folgen (x_n) und (y_n) die Ungleichungskette

$$y_1 \leqq \dots \leqq y_{n-1} \leqq y_n \leqq x_n \leqq x_{n-1} \leqq \dots \leqq x_1\,, \qquad n \geqq 1\,, \tag{9}$$

und jede Nullstelle $z^* \in [y_1, x_1]$ von F erfüllt

$$y_n \leqq z^* \leqq x_n\,, \qquad n \geqq 1\,. \tag{10}$$

Falls zusätzlich der die Halbordnung bestimmende Kegel abgeschlossen, regulär und normal ist und für F die Stetigkeit vorliegt, sind die Grenzwerte $x^* = \lim x_n$ und $y^* = \lim y_n$ vorhanden; sie sind Nullstellen von F, und es gilt dann

$$y_n \leqq y^* \leqq z^* \leqq x^* \leqq x_n\,, \qquad n \geqq 1\,. \tag{11}$$

Beweis: Es werden zuerst (9) zusammen mit $F(y_n) \leqq 0 \leqq F(x_n)$ und dann (10) durch Induktion bestätigt. Für $n = 1$ sind diese Ungleichungen vorausgesetzt worden, und der Schluß von n auf $n + 1$ kann folgendermaßen geführt werden: Wegen der Positivität der Inversen der Operatoren (8) folgt aus der Verfahrensvorschrift (6) sofort

---

[1]) Im Grunde genommen reicht es aus, wenn δF^+ auf $D^+ = \{(x, y) \in [v_1, u_1] \times [v_1, u_1]: y \leqq x\}$ und δF auf $D^- = \{(y, x) \in [v_1, u_1] \times [v_1, u_1]: y \leqq x\}$ erklärt sind.

$x_{n+1} \leqq x_n$, $y_{n+1} \geqq y_n$. Weiter gilt $y_{n+1} \leqq x_{n+1}$ wegen

$$x_{n+1} - y_{n+1} = x_n - y_n - [\delta F^+(u_n, x_n) + \delta F^-(v_n, y_n)]^{-1} (F(x_n) - F(y_n)),$$

$$F(x_n) - F(y_n) = F^+(x_n) - F^+(y_n) + F^-(x_n) - F^-(y_n) \leqq$$

$$\leqq [\delta F^+(x_n, y_n) + \delta F^-(y_n, x_n)] (x_n - y_n) \leqq [\delta F^+(u_n, x_n) + \delta F^-(v_n, y_n)] (x_n - y_n).$$

Um $F(x_{n+1}) \geqq 0$ zu zeigen, wird abermals von (6) ausgegangen,

$$F(x_n) = [\delta F^+(u_n, x_n) + \delta F^-(v_n, y_n)] (x_n - x_{n+1}) \geqq$$

$$\geqq [\delta F^+(x_n, x_{n+1}) + \delta F^-(x_{n+1}, x_n)] (x_n - x_{n+1}) \geqq F(x_n) - F(x_{n+1}).$$

Ebenso bestätigt man $F(y_{n+1}) \leqq 0$. Sei nun $F(z^*) = 0$. Dann erhält man

$$x_{n+1} - z^* = x_n - z^* - [\delta F^+(u_n, x_n) + \delta F^-(v_n, y_n)]^{-1} (F(x_n) - F(z^*)),$$

$$F(x_n) - F(z^*) \leqq [\delta F^+(x_n, z^*) + \delta F^-(z^*, x_n)] (x_n - z^*) \leqq [\delta F^+(u_n, x_n) + \delta F^-(v_n, y_n)] (x_n - z^*),$$

also folgt $z^* \leqq x_{n+1}$; in der gleichen Weise ergibt sich $y_{n+1} \leqq z^*$. Damit ist der Nachweis von (9) und (10) vollständig.

Wenn der Kegel regulär ist, sind die Grenzwerte $x^* = \lim x_n$ und $y^* = \lim y_n$ vorhanden, und seine Abgeschlossenheit sichert die Ungleichungen (11) ab. Wegen

$$0 \leqq F(x_n) = [\delta F^+(u_n, x_n) + \delta F^-(v_n, y_n)] (x_n - x_{n+1}) \leqq [\delta F^+(u_1, x_1) + \delta F^-(v_1, y_1)] (x_n - x_{n+1}),$$

$$||F(x_n)|| \leqq \gamma ||\delta F^+(u_1, x_1) + \delta F^-(v_1, y_1)|| \, ||x_n - x_{n+1}||$$

und der Stetigkeit von F ist x^* eine Nullstelle von F. Analog folgt $F(y^*) = 0$.

Bemerkung 1: Der vorangehende Satz 1 hat, wie man in der gleichen Weise zeigen kann, auch für das Verfahren

$$x_{n+1} = x_n - P(u_n, x_n, v_n, y_n) F(x_n), \qquad y_{n+1} = y_n - P(u_n, x_n, v_n, y_n) F(y_n) \tag{12}$$

Gültigkeit, sofern ein invertierbarer Operator $P \in L(R)$ mit

$$P(u, x, v, y) \geqq P \geqq 0 \quad \text{für} \quad v_1 \leqq v \leqq y \leqq x \leqq u \leqq u_1 \tag{13}$$

vorhanden ist. Der lineare Operator $P(u, x, v, y)$ sei dabei eine Subinverse zum Operator (8),

$$\left.\begin{aligned} [\delta F^+(u, x) + \delta F^-(v, y)] \, P(u, x, v, y) \leqq I \\ P(u, x, v, y) \, [\delta F^+(u, x) + \delta F^-(v, y)] \leqq I \end{aligned}\right\} \quad \text{für} \quad v_1 \leqq v \leqq y \leqq x \leqq u \leqq u_1. \tag{14}$$

5. Ein zweiter Einschließungssatz

Durch Verwendung einer von Vandergraft [11] und Schmidt und Leonhardt [8] entwickelten Beweistechnik kann die Voraussetzung, daß die Operatoren (8) invertierbar und ihre Inversen positiv zu sein haben, bemerkenswert abgeschwächt werden.

Satz 2: *Es sei R ein Banachraum, welcher durch einen abgeschlossenen, regulären Kegel halbgeordnet ist. Der Operator $F: [v_1, u_1] \to R$ sei stetig und besitze eine monoton zerlegbare verallgemeinerte Steigung $\{\delta F^+, \delta F^-\}$. Für die Startelemente gelte* (7), *und es existiere ein invertierbarer Operator $G \in L(R)$ mit*

$$G \geqq 0, \qquad G[\delta F^+(u_1, x_1) + \delta F^-(v_1, y_1)] \leqq I. \tag{15}$$

Unter diesen Voraussetzungen ist das Verfahren (6) *durchführbar, d. h. die linearen Gleichungen* (6) *haben nicht notwendig eindeutige Lösungen x_{n+1} und y_{n+1} mit $y_n \leqq y_{n+1} \leqq x_{n+1} \leqq x_n$. Die betreffenden Folgen (x_n) und (y_n) konvergieren, ihre Grenzwerte x^* und y^* sind Nullstellen von F, und die monotone Eingrenzung*

$$y_1 \leqq \dots \leqq y_{n-1} \leqq y_n \leqq y^* \leqq z^* \leqq x^* \leqq x_n \leqq x_{n-1} \leqq \dots \leqq x_1, \qquad n \geqq 1, \tag{16}$$

besteht für jede Nullstelle $z^* \in [y_1, x_1]$ von F.

Beweis: Zuerst wird gezeigt, daß F im Intervall $[y_1, x_1]$ eine Nullstelle z^* besitzt. Dazu wird ein Operator T durch

$$T(x) = x - GF(x), \qquad x \in [y_1, x_1],$$

eingeführt. T ist stetig, und es gelten wegen (7)

$$T(x_1) = x_1 - GF(x_1) \leqq x_1, \qquad T(y_1) = y_1 - GF(y_1) \geqq y_1.$$

Weiterhin ist T isoton, denn für $y_1 \leqq y \leqq x \leqq x_1$ erhält man

$$T(x) - T(y) = x - y - G(F(x) - F(y)) \geqq x - y - G[\delta F^+(x, y) + \delta F^-(y, x)] (x - y) \geqq$$

$$\geqq x - y - G[\delta F^+(u_1, x_1) + \delta F^-(v_1, y_1)] (x - y) \geqq 0.$$

Somit wird $[y_1, x_1]$ durch T in sich abgebildet. Nach einem Fixpunktsatz von Kantorovich [2] hat T daher einen Fixpunkt z^* in $[y_1, x_1]$, und dieser ist wegen der Invertierbarkeit von G eine Nullstelle von F.

Als nächstes erfolgt der induktive Nachweis der Ungleichungsketten

$$y_1 \leqq \dots \leqq y_{n-1} \leqq y_n \leqq z^* \leqq x_n \leqq x_{n-1} \leqq \dots \leqq x_1, \qquad F(y_n) \leqq 0 \leqq F(x_n), \qquad n \geqq 1,$$

wobei z^* irgendeine Nullstelle von F aus dem Intervall $[y_1, x_1]$ ist. Die Ungleichungen sind für $n = 1$ vorausgesetzt. Für den Schluß von n auf $n + 1$ werden Hilfsoperatoren T_1 und T_2 eingeführt. Zunächst wird T_1 durch

$$T_1(x) = x + G\{F(x_n) - [\delta F^+(u_n, x_n) + \delta F^-(v_n, y_n)]\, x\}\,, \qquad x \in R\,,$$

erklärt. Der Operator T_1 ist stetig und auch isoton, denn für $y_1 \leqq y \leqq x \leqq x_1$ gilt

$$\begin{aligned} T_1(x) - T_1(y) &= x - y - G[\delta F^+(u_n, x_n) + \delta F^-(v_n, y_n)]\,(x - y) \geqq \\ &\geqq x - y - G[\delta F^+(u_1, x_1) + \delta F^-(v_1, y_1)]\,(x - y) \geqq 0\,. \end{aligned}$$

Weiterhin ergeben sich

$$\begin{aligned} T_1(0) &= GF(x_n) \geqq 0\,, \\ T_1(x_n - z^*) &= x_n - z^* + G\{F(x_n) - [\delta F^+(u_n, x_n) + \delta F^-(v_n, y_n)]\,(x_n - z^*)\} \leqq \\ &\leqq x_n - z^* + G\{F(x_n) - [\delta F^+(x_n, z^*) + \delta F^-(z^*, x_n)]\,(x_n - z^*)\} \leqq \\ &\leqq x_n - z^* + G\{F(x_n) - F(x_n) + F(z^*)\} = x_n - z^*\,. \end{aligned}$$

Folglich wird $[0, x_n - z^*]$ durch T_1 in sich abgebildet, und nach dem Fixpunktsatz von KANTOROVICH hat T_1 einen nicht notwendig eindeutigen Fixpunkt $z_1 \in [0, x_n - z^*]$. Das Element $x_{n+1} = x_n - z_1$ genügt daher der ersten Gleichung der Verfahrensvorschrift (6), und es besteht die Eingrenzung $z^* \leqq x_{n+1} \leqq x_n$.

Der durch

$$T_2(x) = x - G\{F(y_n) + [\delta F^+(u_n, x_n) + \delta F^-(v_n, y_n)]\, x\}\,, \qquad x \in R\,,$$

definierte Operator T_2 ist ebenfalls stetig und isoton. Außerdem gelten die wie vorhin zu beweisenden Ungleichungen

$$T_2(0) \geqq 0\,, \qquad T_2(z^* - y_n) \leqq z^* - y_n\,,$$

so daß T_2 einen Fixpunkt $z_2 \in [0, z^* - y_n]$ besitzt. Durch $y_{n+1} = y_n + z_2$ wird die zweite Gleichung (6) erfüllt, und es gilt die Einschließung $y_n \leqq y_{n+1} \leqq z^*$.

Die noch fehlenden Ungleichungen $F(x_{n+1}) \geqq 0$, $F(y_{n+1}) \leqq 0$ der Induktionsbehauptung beweist man wie im Satz 1.

Auch die restlichen Aussagen des Satzes 2 können wie im Satz 1 bestätigt werden.

Bemerkung 2: Im Satz 2 können die Voraussetzungen zum Teil verlagert werden. Es ist möglich, die Regularität des Kegels durch dessen Normalität abzuschwächen und dafür die Kompaktheit der Operatoren

$$I - GF \quad \text{und} \quad I - G[\delta F^+(u, x) + \delta F^-(v, y)]\,, \qquad v_1 \leqq v \leqq y \leqq x \leqq u \leqq u_1\,,$$

zu fordern. Dann gehen im Satz 2 lediglich die Konvergenz der Folgen (x_n) und (y_n) und die ihre Grenzwerte x^* und y^* betreffenden Aussagen verloren. Im Beweis tritt an die Stelle des Fixpunktsatzes von KANTOROVICH der von SCHAUDER [4].

Bemerkung 3: Der Satz 2 bleibt ebenfalls für das gegenüber (6) leicht abgewandelte Verfahren

$$\begin{aligned} F(x_n) + [\delta F^+(x_n, u_n) + \delta F^-(y_n, v_n)]\,(x_{n+1} - x_n) &= 0\,, \\ F(y_n) + [\delta F^+(x_n, u_n) + \delta F^-(y_n, v_n)]\,(y_{n+1} - y_n) &= 0 \end{aligned} \tag{17}$$

mit $x_n \leqq u_n \leqq x_1$, $y_n \geqq v_n \geqq y_1$ gültig, sofern von der monoton zerlegbaren verallgemeinerten Steigung $\{\delta F^+, \delta F^-\}$ in Verschärfung von (3), (4) und (5)

$$\left.\begin{aligned} F^+(x) - F^+(y) &\leqq \delta F^+(x, y)\,(x - y) \\ F^-(x) - F^-(y) &\leqq \delta F^-(y, x)\,(x - y) \end{aligned}\right\} \text{ für vergleichbare } x, y \in [v_1, u_1] \tag{18}$$

und

$$\left.\begin{aligned} \delta F^+(x, y) &\leqq \delta F^+(u, v) \\ \delta F^-(y, x) &\geqq \delta F^-(v, u) \end{aligned}\right\} \text{für } x \leqq u \text{ und } y \leqq v, \text{ vergleichbare } x, y \in [v_1, u_1] \text{ und vergleichbare } u, v \in [v_1, u_1] \tag{19}$$

gefordert werden. Außerdem sind in der Voraussetzung (15) die Elemente x_1 und u_1 sowie y_1 und v_1 zu vertauschen.

Bemerkung 4: Zu den Sätzen 1 und 2 über das Verfahren (6) gibt es jeweils eine zweite Variante. Die Unterschiede beziehen sich nur auf die vorkommenden Ungleichungen; sie sind in Tabelle 1 gegenübergestellt.

Es bereitet keine Schwierigkeiten, nach diesem Muster auch für das Verfahren (17) die beiden Varianten von Einschließungssätzen aufzustellen.

6. Ermittlung der R-Ordnung

Durch Hinzunahme weiterer Forderungen, die jedoch nicht in allen angegebenen Anwendungen erfüllt sind, kann man für die Verfahren eine überlineare R-Ordnung errechnen.

Satz 3: *Es sei R ein durch einen normalen Kegel halbgeordneter, normierter Vektorraum, und die monoton zerlegbare verallgemeinerte Steigung $\{\delta F^+, \delta F^-\}$ genüge den verschärften Forderungen* (18) *und* (19). *Für die Folgen (x_n) und (y_n), welche nach dem Verfahren* (6) *oder* (17) *ermittelt sind, seien die folgenden Aussagen des Satzes* 1 *bzw.* 2 *gültig:*

$$y_1 \leqq \cdots \leqq y_{n-1} \leqq y_n \leqq y^* \leqq x^* \leqq x_n \leqq x_{n-1} \leqq \cdots \leqq x_1\,, \qquad n \geqq 1\,, \tag{20}$$

$$\lim x_n = x^*\,, \qquad \lim y_n = y^*\,, \qquad F(x^*) = F(y^*) = 0\,. \tag{21}$$

Tabelle 1

1. Variante	2. Variante
$v_1 \leqq y_1 \leqq x_1 \leqq u_1,\ F(y_1) \leqq 0 \leqq F(x_1);$	$u_1 \leqq x_1 \leqq y_1 \leqq v_1,\ F(x_1) \geqq 0 \geqq F(y_1);$
$\left.\begin{array}{l} F^+(x) - F^+(y) \leqq \delta F^+(x, y)(x - y) \\ F^-(x) - F^-(y) \leqq \delta F^-(y, x)(x - y) \end{array}\right\}$	$\left.\begin{array}{l} F^+(x) - F^+(y) \leqq \delta F^+(x, y)(x - y) \\ F^-(x) - F^-(y) \leqq \delta F^-(y, x)(x - y) \end{array}\right\}$
für $v_1 \leqq y \leqq x \leqq u_1;$	für $u_1 \leqq x \leqq y \leqq v_1;$
$\left.\begin{array}{l} \delta F^+(x, y) \leqq \delta F^+(u, v) \\ \delta F^-(y, x) \geqq \delta F^-(v, u) \end{array}\right\}$	$\left.\begin{array}{l} \delta F^+(x, y) \leqq \delta F^+(u, v) \\ \delta F^-(y, x) \geqq \delta F^-(v, u) \end{array}\right\}$
für $v_1 \leqq y \leqq x \leqq v \leqq u \leqq u_1;$	für $u_1 \leqq x \leqq y \leqq u \leqq v \leqq v_1;$
$[\delta F^+(u, x) + \delta F^-(v, y)]^{-1} \geqq 0$	$[\delta F^+(u, x) + \delta F^-(v, y)]^{-1} \leqq 0$
für $v_1 \leqq v \leqq y \leqq x \leqq u \leqq u_1;$	für $u_1 \leqq u \leqq x \leqq y \leqq v \leqq v_1;$
$G[\delta F^+(u_1, x_1) + \delta F^-(v_1, y_1)] \leqq I$	$-G[\delta F^+(u_1, x_1) + \delta F^-(v_1, y_1)] \leqq I$
$y_{n-1} \leqq y_n \leqq y^* \leqq z^* \leqq x^* \leqq x_n \leqq x_{n-1}$	$x_{n-1} \leqq x_n \leqq x^* \leqq z^* \leqq y^* \leqq y_n \leqq y_{n-1}$

Es gebe einen Operator $S \in L(R)$ mit

$$S \geqq 0\,, \qquad S[\delta F^+(v_k, y_k) + \delta F^-(u_k, x_k)] \geqq I \quad \textit{für ein} \quad k \geqq 1\,. \tag{22}$$

Außerdem seien δF^+ und δF^- konsistente Approximationen zu den als vorhanden vorauszusetzenden Fréchet-Ableitungen DF^+ und DF^-; das heiße hier mit einer Konstanten β

$$\left.\begin{array}{l} \|\delta F^+(x, y) - DF^+(z)\| \leqq \beta\|x - y\| \\ \|\delta F^-(x, y) - DF^-(z)\| \leqq \beta\|x - y\| \end{array}\right\} \textit{für vergleichbare } x, y \in [v_1, u_1],\ z = x \textit{ oder } z = y\,. \tag{23}$$

Dann konvergieren die Folgen (x_n) und (y_n) im Falle $x_n \leqq u_n \leqq x_{n-1}$, $y_{n-1} \leqq v_n \leqq y_n$ mindestens mit der R-Ordnung $(1 + \sqrt{5})/2$ und im Falle $u_n = x_n$, $y_n = v_n$ mindestens mit der R-Ordnung 2.

Beweis: Zur Bestätigung von $x^* = y^*$ genügt die Abschätzung

$$\begin{aligned} 0 = S(F(y^*) - F(x^*)) &\leqq S[\delta F^+(y^*, x^*) + \delta F^-(x^*, y^*)]\,(y^* - x^*) \leqq \\ &\leqq S[\delta F^+(v_k, y_k) + \delta F^-(u_k, x_k)]\,(y^* - x^*) \leqq y^* - x^*\,. \end{aligned}$$

Die Basisungleichung für die Angabe der R-Ordnung erhält man z. B. beim Verfahren (6) folgendermaßen:

$$\begin{aligned} 0 \leqq x_{n+1} - y_{n+1} &\leqq S[\delta F^+(v_k, y_k) + \delta F^-(u_k, x_k)]\,(x_{n+1} - y_{n+1}) \leqq \\ &\leqq S[\delta F^+(u_n, x_n) + \delta F^-(v_n, y_n)]\,(x_{n+1} - y_{n+1}) = \\ &= S\{[\delta F^+(u_n, x_n) + \delta F^-(v_n, y_n)]\,(x_n - y_n) + F(y_n) - F(x_n)\} \leqq \\ &\leqq S[\delta F^+(u_n, x_n) - DF^+(x_n) + DF^+(x_n) - \delta F^+(y_n, x_n) + \\ &\quad + \delta F^-(v_n, y_n) - DF^-(y_n) + DF^-(y_n) - \delta F^-(x_n, y_n)]\,(x_n - y_n)\,, \end{aligned}$$

$$\|x_{n+1} - y_{n+1}\| \leqq \beta\gamma\|S\|\,\{\|x_n - u_n\| + 2\,\|x_n - y_n\| + \|y_n - v_n\|\}\,\|x_n - y_n\|\,.$$

Für $u_n = x_n$, $v_n = y_n$ folgt hieraus

$$\|x_{n+1} - y_{n+1}\| \leqq 2\beta\gamma\|S\|\,\|x_n - y_n\|^2\,,$$

so daß die Nullfolge $(x_n - y_n)$ quadratisch konvergiert. Im Fall $x_n \leqq u_n \leqq x_{n-1}$, $y_{n-1} \leqq v_n \leqq y_n$ ergibt sich wegen

$$\|x_n - u_n\| \leqq \gamma\,\|x_{n-1} - y_{n-1}\|\,, \qquad \|y_n - v_n\| \leqq \gamma\,\|x_{n-1} - y_{n-1}\|$$

dagegen nur

$$\|x_{n+1} - y_{n+1}\| \leqq 4\beta\gamma^2\|S\|\,\|x_n - y_n\|\,\|x_{n-1} - y_{n-1}\|\,,$$

und die R-Ordnung von $(x_n - y_n)$ berechnet sich als positive Lösung von $\tau^2 = \tau + 1$ zu $\tau = (1 + \sqrt{5})/2$.

Wegen $\|x_n - x^*\| \leqq \gamma\|x_n - y_n\|$, $\|y_n - x^*\| \leqq \gamma\|x_n - y_n\|$ überträgt sich die R-Ordnung von der Folge $(x_n - y_n)$ auf die Folgen (x_n) und (y_n).

Bemerkung 5: Es sei $z \in [v_1, u_1]$ eine Näherung für eine Nullstelle von F. Die Forderung (18) sei auf $[v_1, u_1]$ erfüllt, und es existiere ein linearer Operator T mit

$$T \leqq \delta F^+(x, y) + \delta F^-(y, x) \quad \text{für} \quad v_1 \leqq x \leqq y \leqq u_1\,. \tag{24}$$

Außerdem sei ein $w \geqq 0$ gemäß

$$-Tw \leqq F(z) \leqq Tw \tag{25}$$

vorhanden. Falls dann die Elemente $x_1 = z + w$, $y_1 = z - w$ im Intervall $[v_1, u_1]$ liegen, sind sie als Startelemente für die Verfahren (6) und (17) geeignet, denn es gelten

$$y_1 \leqq x_1\,, \qquad F(y_1) \leqq 0 \leqq F(x_1)\,. \tag{26}$$

Der Beweis hierfür ist mit

$$F(z) - F(x_1) \leqq -[\delta F^+(z, x_1) + \delta F^-(x_1, z)] (x_1 - z) \leqq -Tw \leqq F(z) ,$$

$$F(z) - F(y_1) \geqq [\delta F^+(y_1, z) + \delta F^-(z, y_1)] (z - y_1) \geqq Tw \geqq F(z)$$

erbracht.

7. Verfahrensbeispiele in endlichdimensionalen Räumen

Im $\mathbb{R}^N$ mit der natürlichen Halbordnung und der Maximum-Norm werden Beispiele für monoton zerlegbare verallgemeinerte Steigungen und für zugehörige Verfahrensvorschriften angegeben. Es sei wie bisher der Operator

$$F = (F_1, \dots, F_N)^\mathrm{T} : [v_1, u_1] \subset \mathbb{R}^N \to \mathbb{R}^N$$

additiv gemäß $F = F^+ + F^-$ zerlegbar. Mit $e_k \in \mathbb{R}^N$ werden der k-te Einheitsvektor, mit $x = (x^{(1)}, \dots, x^{(N)})^\mathrm{T} \in \mathbb{R}^N$ ein beliebiger Vektor, mit $\mathrm{D}F$ die Ableitung von F und mit $\partial_k F$ die partielle Ableitung von F nach der k-ten Variablen bezeichnet.

7.1 Nach SCHMIDT [5] definiert man die Matrix $\delta_S F(x, y)$ durch

$$\delta_S F(x, y)\, e_k = \begin{cases} \dfrac{F(x + w_{k-1}) - F(x + w_k)}{x^{(k)} - y^{(k)}} & \text{für} \quad x^{(k)} \neq y^{(k)} \\ \partial_k F(x + w_{k-1}) & \text{für} \quad x^{(k)} = y^{(k)} \end{cases}, \qquad k = 1, \dots, N$$

mit $w_k = (y^{(1)} - x^{(1)})\, e_1 + \dots + (y^{(k)} - x^{(k)})\, e_k$. Man bestätigt für $\delta_S F$ leicht die Eigenschaft einer Steigung,

$$F(x) - F(y) = \delta_S F(x, y)\, (x - y) \quad \text{für} \quad x, y \in [v_1, u_1] .$$

Weiterhin gilt, daß $\{\delta_S F^+, \delta_S F^-\}$ eine monoton zerlegbare verallgemeinerte Steigung mit den verschärften Eigenschaften (18) und (19) ist, falls $\mathrm{D}F^+$ isoton und $\mathrm{D}F^-$ antiton sind. Sofern $\mathrm{D}F^+$ und $\mathrm{D}F^-$ einer Lipschitz-Bedingung genügen, sind $\delta_S F^+$ und $\delta_S F^-$ darüber hinaus konsistente Approximationen im Sinne von (23) zu $\mathrm{D}F^+$ und $\mathrm{D}F^-$. Der Nachweis kann wie in 7.2 erfolgen.

Für das im Falle $u_n = x_{n-1}$, $v_n = y_{n-1}$ entstehende Regula falsi-Verfahren (17)

$$F(x_n) + [\delta_S F^+(x_n, x_{n-1}) + \delta_S F^-(y_n, y_{n-1})]\, (x_{n+1} - x_n) = 0 ,$$

$$F(y_n) + [\delta_S F^+(x_n, x_{n-1}) + \delta_S F^-(y_n, y_{n-1})]\, (y_{n+1} - y_n) = 0$$

sind die obigen Einschließungs- und Konvergenzsätze im wesentlichen bereits bei SCHMIDT [6] zu finden.

7.2 Eine häufig benutzte Approximation der Ableitung $\mathrm{D}F(x)$ ist

$$\delta_K F(x, y) = \begin{cases} \dfrac{F(x) - F(x + (y^{(k)} - x^{(k)})\, e_k)}{x^{(k)} - y^{(k)}} & \text{für} \quad x^{(k)} \neq y^{(k)} \\ \partial_k F(x) & \text{für} \quad x^{(k)} = y^{(k)} \end{cases}, \qquad k = 1, \dots, N .$$

Unter den in 7.1 genannten Voraussetzungen hat auch $\{\delta_K F^+, \delta_K F^-\}$ die dort angeführten Eigenschaften. Z. B. ergibt sich für $\delta_K F^+$ aus

$$\delta_K F^+(x, y)\, (x - y) - (F^+(x) - F^+(y)) = [\delta_K F^+(x, y) - \delta_S F^+(x, y)]\, (x - y) =$$

$$= \sum_{k=1}^{N} \int_0^1 [\partial_k F^+(x + (1 - t)\, (y^{(k)} - x^{(k)})\, e_k) - \partial_k F^+(x + w_{k-1} + (1 - t)\, (y^{(k)} - x^{(k)})\, e_k)]\, \mathrm{d}t\, (x^{(k)} - y^{(k)}) ,$$

daß die erste Ungleichung (18) gilt, sofern $\partial_k F^+$ isoton ist. Ebenfalls aus der Isotonie von $\partial_k F^+$ erhält man für $x \leqq u$, $y \leqq v$ wegen

$$\delta_K F^+(x, y)\, e_k = \int_0^1 \partial_k F^+(x + (1 - t)\, (y^{(k)} - x^{(k)})\, e_k)\, \mathrm{d}t \leqq$$

$$\leqq \int_0^1 \partial_k F^+(u + (1 - t)\, (v^{(k)} - u^{(k)})\, e_k)\, \mathrm{d}t = \delta_K F^+(u, v)\, e_k$$

die Isotonie (19) von $\delta_K F^+$. Genügt $\mathrm{D}F^+$ einer Lipschitz-Bedingung, ergibt sich die Konsistenzungleichung (23) über

$$||(\delta_K F^+(x, y) - \mathrm{D}F^+(z))\, e_k|| = ||\int_0^1 [\partial_k F^+(x + (1 - t)\, (y^{(k)} - x^{(k)})\, e_k) - \partial_k F^+(z)]\, \mathrm{d}t|| \leqq$$

$$\leqq \tilde{\beta}_k \int_0^1 ||x + (1 - t)\, (y^{(k)} - x^{(k)})\, e_k - z||\, \mathrm{d}t \leqq \beta_k ||x - y|| ;$$

hier hängen die Konstanten $\tilde{\beta}_k$ und β_k von der Lipschitz-Konstanten zu $\mathrm{D}F^+$ ab, und in (23) kann man $\beta = \beta_1 + \dots + \beta_N$ setzen.

Analog kann die Bestätigung der Forderungen an $\delta_K F^-$ erfolgen.

7.3 Sowohl für die Steigung nach Brent [1] als auch für die durch

$$\delta F(x, y) = \operatorname{diag}\left(\frac{F_1(x) - F_1(y)}{x^{(1)} - y^{(1)}}, \ldots, \frac{F_N(x) - F_N(y)}{x^{(N)} - y^{(N)}}\right) \quad \text{für} \quad x^{(1)} \neq y^{(1)}, \ldots, x^{(N)} \neq y^{(N)}$$

erklärte Steigung sind bisher keine Bedingungen bekannt geworden, welche die Monotonieforderungen (4) und (5) absichern.

7.4 Bei der Festsetzung $\delta_N F(x, y) = DF(x)$ wird ebenfalls $\{\delta_N F^+, \delta_N F^-\}$ eine monoton zerlegbare verallgemeinerte Steigung mit den verschärften Eigenschaften (18) und (19), sofern die Ableitungen DF^+ isoton und DF^- antiton sind. Das aus (6) im Falle $u_n = x_n$ und $v_n = y_n$ entstehende Verfahren vom Newton-Typ

$$F(x_n) + [DF^+(x_n) + DF^-(y_n)]\,(x_{n+1} - x_n) = 0\,, \qquad F(y_n) + [DF^+(x_n) + DF^-(y_n)]\,(y_{n+1} - y_n) = 0$$

ist bereits von Schmidt [6] zur Nullstelleneingrenzung verwendet worden.

7.5 Die Diagonalmatrizen $\delta_{JN} F(x, y)$, $\delta_{JS} F(x, y)$ und $\delta_{JK} F(x, y)$ werden durch

$$\delta_{JN} F(x, y) = \operatorname{diag} \delta_N F(x, y) = \operatorname{diag} DF(x)\,,$$

$$\delta_{JS} F(x, y) = \operatorname{diag} \delta_S F(x, y)\,, \qquad \delta_{JK} F(x, y) = \operatorname{diag} \delta_K F(x, y)$$

erklärt.[2]) Es sind dann $\{\delta_{JZ} F^+, \delta_{JZ} F^-\}$ für $Z \in \{N, S, K\}$ monoton zerlegbare verallgemeinerte Steigungen, wenn F^+ und F^- außerdiagonal antiton, die partiellen Ableitungen $\partial_1 F_1^+, \ldots, \partial_N F_N^+$ isoton und $\partial_1 F_1^-, \ldots, \partial_N F_N^-$ antiton sind. Die verschärften Forderungen (18) und (19) können dagegen jetzt nicht bestätigt werden. Ebenso liegt die Konsistenz (23) von $\delta_{JZ} F^+$ und $\delta_{JZ} F^-$ zu DF^+ und DF^- nicht vor.

Als Muster wird der Nachweis von (3) für $\{\delta_{JN} F^+, \delta_{JN} F^-\}$ vorgeführt. Im Falle $y \leqq x$ erhält man mit $\Theta \in (0,1)$ für $k = 1, \ldots, N$:

$$\begin{aligned} F_k^+(x) - F_k^+(y) &\leqq F_k^+(x) - F_k^+(x - (x^{(k)} - y^{(k)})\,e_k) = \\ &= \partial_k F_k^+(x - \Theta(x^{(k)} - y^{(k)})\,e_k)\,(x^{(k)} - y^{(k)}) \leqq \partial_k F_k^+(x)\,(x^{(k)} - y^{(k)})\,, \\ F_k^-(x) - F_k^-(y) &\leqq F_k^-(x) - F_k^-(x - (x^{(k)} - y^{(k)})\,e_k) = \\ &= \partial_k F_k^-(x - \Theta(x^{(k)} - y^{(k)})\,e_k)\,(x^{(k)} - y^{(k)}) \leqq \partial_k F_k^-(y)\,(x^{(k)} - y^{(k)}); \end{aligned}$$

daher gelten die Ungleichungen (3). Die Bestätigung der Monotonieeigenschaften (4) und (5) ist einfach.

Die aus (6) gewonnenen Verfahren

$$F(x_n) + [\delta_{JZ} F^+(u_n, x_n) + \delta_{JZ} F^-(v_n, y_n)]\,(x_{n+1} - x_n) = 0\,,$$

$$F(y_n) + [\delta_{JZ} F^+(u_n, x_n) + \delta_{JZ} F^-(v_n, y_n)]\,(y_{n+1} - y_n) = 0$$

mit $Z \in \{N, S, K\}$ sind vom Jacobi-Newton-Typ. Für sie stehen die hergeleiteten Einschließungssätze 1 und 2 bereit, während der Satz 3 über die Ermittlung der R-Ordnung wegen der fehlenden Konsistenz nicht angewendet werden kann. Die Jacobi-Newton-Verfahren konvergieren in der Tat langsamer als die vorher genannten Regula falsi- und Newton-Verfahren. Dafür sind die jetzigen Verfahren im allgemeinen besser als die vorigen geeignet, sparse-Strukturen von F zu berücksichtigen.

7.6 Auch die konstante Matrix M erzeugt eine monoton zerlegbare verallgemeinerte Steigung $\{\delta F^+, \delta F^-\} = \{M, 0\}$ auf $[v_1, u_1]$, wenn M z. B. als

$$M = \max_{v_1 \leqq z \leqq u_1} DF(z)$$

gewählt wird. Monotonieforderungen an die Ableitungen DF^+ und DF^- sind dazu nicht nötig. Die Konsistenz (23) liegt nicht vor. Das aus (6) resultierende Verfahren

$$F(x_n) + M(x_{n+1} - x_n) = 0\,, \qquad F(y_n) + M(y_{n+1} - y_n) = 0$$

kann zur Nullstelleneingrenzung verwendet werden. Seine Konvergenz wird jedoch nicht überlinear erfolgen.

8. Ein numerisches Beispiel

Wie bereits in der Einleitung erwähnt worden ist, führen vereinfachte Modelle innerelektronischer Vorgänge in Halbleitern auf die Randwertaufgabe

$$u'' = 2 \sinh u + \varphi(t)\,, \qquad u(0) = \alpha\,, \qquad u(\gamma) = \beta\,,$$

in welcher u das Potential im spannungslosen Zustand in Abhängigkeit vom Ort t bezeichnet. Das Dotierungsprofil φ sei konkret durch

$$\varphi(t) = 10^{10}\,2{,}8\,\mathrm{e}^{-2321{,}385t^2} - \tfrac{11}{3}\,10^8\,\mathrm{e}^{-1121{,}918t^2} + 10^5\,2{,}0 + \tfrac{20}{3}\,\mathrm{e}^{-869{,}9157(t-\gamma)^2}$$

gegeben, und es seien $\alpha = \operatorname{arsinh} \varphi(0)/2$, $\gamma = 0{,}257\,17$ und $\beta = \operatorname{arsinh} \varphi(\gamma)/2$. Das gewöhnliche Differenzenverfahren ergibt bei der Schrittweite $h > 0$ und den Stützstellen $t_i = ih$ $(i = 0, \ldots, N+1;\ h(N+1) = \gamma)$ das nichtlineare Gleichungssystem

$$F(x) = Ax + \Phi(x) + \Psi(x) + c$$

---

[2]) Für eine (N, N)-Matrix $A = (a_{ik})$ bedeutet diag A hier die Diagonalmatrix diag $(a_{11}, \ldots, a_{NN})$.

für die Näherungen $x^{(i)}$ zu $u(t_i)$, wenn

$$A = \begin{pmatrix} 2 & -1 & & & & \\ -1 & 2 & -1 & & & \\ & \ddots & \ddots & \ddots & & \\ & & \ddots & \ddots & \ddots & \\ & & & -1 & 2 & -1 \\ & & & & -1 & 2 \end{pmatrix}, \quad c = -h^2 \begin{pmatrix} \varphi(t_1) + \alpha/h^2 \\ \varphi(t_2) \\ \vdots \\ \varphi(t_{N-1}) \\ \varphi(t_N) + \beta/h^2 \end{pmatrix},$$

$$\Phi(x) = h^2 \begin{pmatrix} e^{x^{(1)}} \\ \vdots \\ e^{x^{(N)}} \end{pmatrix}, \quad \Psi(x) = -h^2 \begin{pmatrix} e^{-x^{(1)}} \\ \vdots \\ e^{-x^{(N)}} \end{pmatrix}$$

gesetzt werden. Z. B. bei der Festlegung

$$F^+(x) = Ax + \Phi(x) + c\,, \qquad F^-(x) = \Psi(x)$$

bestätigt man sofort, daß F^+, F^- außerdiagonal antiton, DF^+ isoton und DF^- antiton sind. Folglich haben die wegen der hier leichten Beschaffbarkeit der Ableitungen bevorzugten Steigungen $\{\delta_N F^+, \delta_N F^-\}$ und $\{\delta_{JN} F^+, \delta_{JN} F^-\}$ die Eigenschaften (3), (4) und (5) einer monoton zerlegbaren verallgemeinerten Steigung, und die zugehörigen Verfahren (6) stehen zur monotonen Eingrenzung einer Nullstelle von F bereit. Die Voraussetzung (8) des Satzes 1 ist in beiden Fällen erfüllt. Im Sinne von (7) geeignete Startwerte sind auf heuristischem Wege im Anschluß an das ursprüngliche Jacobi-Newton-Verfahren

$$z_{n+1} = z_n - (\operatorname{diag} DF(z_n))^{-1} F(z_n)$$

ermittelt worden. Die Iteration (6) wurde nach $n = n_e$ Schritten beendet, wenn mindestens eine der für reelle Zahlen abgesicherten Ungleichungen

$$y_{n-1}^{(i)} \leqq y_n^{(i)}\,, \quad y_n^{(i)} \leqq x_n^{(i)}\,, \quad x_n^{(i)} \leqq x_{n-1}^{(i)}\,, \quad F_i(y_n) \leqq 0\,, \quad F_i(x_n) \geqq 0 \quad (i = 1, \dots, N)$$

infolge von Rundungsfehlern nicht mehr erfüllt war. Bei Anwendung dieses pessimistischen Abbruchkriteriums haben sich für $N = 30$ mit dem Jacobi-Newton-Verfahren (6) und mit dem Newton-Verfahren (6) im Falle durchgängigen Rechnens mit einfacher Genauigkeit (12 Mantissenstellen) folgende Einschließungen für die Komponenten einer Nullstelle von F ergeben ($n_e = 4$):

Tabelle 2

i	Jacobi-Newton-Verfahren (6)		Newton-Verfahren (6)	
	$y_4^{(i)}$	$x_4^{(i)}$	$y_4^{(i)}$	$x_4^{(i)}$
5	19,9530 814 ...	19,9530 831 ...	19,9530 815 ...	19,9530 831 ...
9	−12,5051 ...	−12,4931 ...	−12,4991 487 ...	−12.4991 472 ...
10	0,41 ...	0,50 ...	0,4635 78 ...	0,4635 80 ...
11	10,59 ...	10,65 ...	10,6284 400 ...	10.6284 415 ...
15	12,2047 ...	12,2074 ...	12,2069 945 ...	12,2069 960 ...
20	13,4300 4 ...	13,4303 5 ...	13,4303 229 ...	13,4303 244 ...
25	18,1651 157 ...	18,1651 180 ...	18,1651 164 ...	18,1651 180 ...

Den Abbruch veranlaßten in diesem Beispiel einige wenige Funktionswerte.

Die komponentenweise ungleiche Güte der Einschließung beim Jacobi-Newton-Verfahren hat in der offenbar durch den impulsartigen Verlauf der Dotierungsfunktion φ hervorgerufenen, sehr ungleichmäßigen Konvergenz der einzelnen Komponentenfolgen und dem dieser Ungleichmäßigkeit nicht angepaßten Abbruchkriterium ihre Ursachen. Der starke Ausschlag von φ liegt im Teilintervall $[t_7, t_{10}]$, wie der folgende Auszug aus der Wertetabelle zeigt:

i	t_i	$\varphi(t_i)$
1	0,0082 ...	$+2{,}3 \ldots \times 10^{10}$
⋮	⋮	...
7	0,0580 ...	$+3{,}0 \ldots \times 10^{6}$
8	0,0663 ...	$-1{,}4 \ldots \times 10^{6}$
9	0,0746 ...	$-4{,}3 \ldots \times 10^{5}$
10	0,0829 ...	$+4{,}0 \ldots \times 10^{4}$
⋮	⋮	...
30	0,2488 ...	$+6{,}2 \ldots \times 10^{8}$

Schließlich wird der Verlauf der beiden genannten Iterationen (6) für zwei Komponenten ($i = 10$ und $i = 20$) vollständig wiedergegeben:

Tabelle 3

n	Jacobi-Newton-Verfahren (6)		Newton-Verfahren (6)	
	$y_n^{(10)}$	$x_n^{(10)}$	$y_n^{(10)}$	$x_n^{(10)}$
0	−0,0364 1 ...	0,9635 8 ...	−0,0364 1 ...	0,9635 8 ...
1	−0,0363 8 ...	0,9635 3 ...	0,284 ...	0,652 ...
2	0,231 ...	0,713 ...	0,435 ...	0,496 ...
3	0,341 ...	0,574 ...	0,4627 ...	0,4645 ...
4	0,412 ...	0,503 ...	0,4635 78 ...	0,4635 80 ...

Tabelle 4

n	Jacobi-Newton-Verfahren (6)		Newton-Verfahren (6)	
	$y_n^{(20)}$	$x_n^{(20)}$	$y_n^{(20)}$	$x_n^{(20)}$
0	12.93 ...	13.93 ...	12.93 ...	13.93 ...
1	13.12 ...	13.54 ...	13.16 ...	13.53 ...
2	13.36 ...	13.44 ...	13.37 ...	13.43 ...
3	13.424 ...	13.430 ...	13.428 ...	13.430 ...
4	13.4300 4 ...	13.4303 5 ...	13.4303 229 ...	13.4303 244 ...

Literatur

1 BRENT, R. P., Some efficient algorithms for solving systems of nonlinear equations, SIAM J. Numer. Analysis **10**, 327—344 (1973).

2 KANTOROVICH, L. V., The method of successive approximations for functional equations, Acta Math. **71**, 63—97 (1939).

3 ORTEGA, J. M.; RHEINBOLDT, W. C., Iterative Solution of Nonlinear Equations in Several Variables, Acad. Press, New York-London 1970.

4 SCHAUDER, J., Der Fixpunktsatz in Funktionenräumen, Studia Math. **2**, 171—182 (1930).

5 SCHMIDT, J. W., Die Regula falsi für Operatoren in Banachräumen, ZAMM **41**, 61—63 (1961); **43**, 1—8, 97—110 (1963).

6 SCHMIDT, J. W., Einschließung von Nullstellen bei Operatoren mit monoton zerlegbarer Steigung durch überlinear konvergente Iterationsverfahren, Ann. Acad. Sci. Fennicae **A.I. 502**, 1—15 (1972).

7 SCHMIDT, J. W., Monoton einschließende Näherungsverfahren bei nichtlinearen Gleichungen, Mitteilungen Math. Gesellschaft der DDR Heft 1, 1982.

8 SCHMIDT, J. W.; LEONHARDT, H., Eingrenzung von Lösungen mit Hilfe der Regula falsi, Computing **6**, 318—329 (1970).

9 SCHNEIDER, N., Monotone Einschließung durch Verfahren vom Regula-falsi-Typ unter Verwendung eines verallgemeinerten Steigungsbegriffes, Computing **26**, 33—44 (1981).

10 TÖRNIG, W., Monoton konvergente Iterationsverfahren zur Lösung nichtlinearer Differenzen-Randwertprobleme. Beiträge Numer. Math. **4**, 245—257 (1975).

11 VANDERGRAFT, J. S.: Newton's method for convex operators in partially ordered spaces, SIAM J. Numer. Analysis **4**, 406—432 (1967).

Eingereicht: 10. 3. 1982

Anschriften: Prof. Dr. JOCHEN W. SCHMIDT; Dipl.-Math. HARALD SCHNEIDER, Sektion Mathematik der TU Dresden, Mommsenstraße 13, DDR-8027 Dresden

ZAMM 63, 13 – 20 (1983)

J. G. VERWER / S. SCHOLZ / J. G. BLOM / M. LOUTER-NOOL

A Class of Runge-Kutta-Rosenbrock Methods for Solving Stiff Differential Equations

Dedicated to the memory of the 100th birthday of FRIEDRICH ADOLF WILLERS

Zur Anwendung auf die numerische Lösung des Anfangswertproblems für steife Systeme gewöhnlicher Differentialgleichungen wird eine Klasse von Runge-Kutta-Rosenbrock-Verfahren untersucht. Dabei wird besonderes Augenmerk darauf gerichtet, daß Jacobi-Matrizen mit Zeitverzögerung verwendet werden. Ziel der Arbeit ist es, eine merkliche Verringerung der Anzahl der Berechnungen von Jacobi-Matrizen und der damit verbundenen Matrix-Faktorisierungen zu erreichen. Bei der Behandlung großer Systeme bilden die Kosten für diese Berechnungen normalerweise einen bedeutenden Teil der Gesamtkosten für die Integration beim Rosenbrock-Verfahren.

A class of Runge-Kutta-Rosenbrock methods is discussed for the numerical solution of the initial value problem for stiff systems of ordinary differential equations. We pay special attention to the use of time-lagged Jacobian matrices. The aim is to obtain an appreciable reduction in the number of Jacobian matrix evaluations and related matrix factorizations. When dealing with large systems the costs of these computations normally form a large proportion of the total integration costs of the Rosenbrock method.

Рассматривается класс методов Рунге-Кутта-Розенброк для численного решения задачи Коши для жёстких систем обыкновенных дифференциальных уравнений. Особенное внимание уделяется применению матриц Якоби с временной задержкой. Целью работы является получение заметного уменьшения числа расчётов матриц Якоби и связано с ними факторизаций матриц. При решении крупных систем, стоимость этих вычислений обычно составляет значительную часть общих стоимостей интегрирования по методу Розенброка.

1. Introduction

This paper deals with the numerical solution of the initial value problem for stiff systems of ordinary differential equations (ODEs)

$$\dot{y} = f(y), \qquad x \geqq x_0, \qquad y(x_0) = y_0, \tag{1.1}$$

by means of a Runge-Kutta-Rosenbrock (RKR) method [13]. The numerical solutions we consider are defined by the s-stage RKR formula

$$y_{n+1} = y_n + h \sum_{i=1}^{s} w_i k_i, \qquad n \geqq 0, \qquad E_{n+\eta} k_i = f(y_n + h \sum_{j=1}^{i-1} a_{ij} k_j) + \sum_{j=1}^{i-1} c_{ij} k_j, \qquad i = 1, \ldots, s, \tag{1.2a}$$

where the matrix $E_{n+\eta}$ is given by

$$E_{n+\eta} = I - \gamma h f_y(y_{n+\eta}). \tag{1.2b}$$

Here a_{ij}, c_{ij}, w_i, γ are real parameters, whereas η is assumed to be a nonpositive integer. By setting $\eta = 0$, we obtain a scheme which has been thoroughly studied in several papers, e.g. [7, 9, 11, 18]. Many of the results presented in these papers carry over to schemes where η may also be negative. We are interested in such schemes for the following reason. If $\eta = 0$, method (1.2) requires an f_y-evaluation at every integration step. Because this evaluation (normally) implies an LU-decomposition, the costs involved may form a considerable proportion of the total costs of one step, especially when dealing with large systems. Now suppose that η will be chosen negatively and in such a way that for some number of steps $y_n \rightarrow y_{n+1}$ the sum $n + \eta$ is constant. During these steps the matrix $E_{n+\eta}$ is then also constant provided the stepsize $h = x_{n+1} - x_n$ does not change. In this way we thus can escape the necessity of performing an f_y-evaluation and LU-decomposition at every step. It should be demanded, however, that the order of consistency of the schemes is independent of η (cf. [15, 17], see also [16]). This demand highly complicates the treatment of the order conditions.

In short, the contents of the paper are as follows. Section 2 deals with some preliminaries on the definition of the right-hand side function f and the increment vectors k_i. The order conditions are discussed in section 3, while section 4 contains some known results on absolute stability. Absolute stability is associated to linear problems with constant coefficients for which the choice of η plays no role of course. In section 5 we propose an extrapolation scheme (we call it a modified Richardson extrapolation) which exploits the possibility of using a time-lagged Jacobian matrix without a decrease of the order of consistency. An example of such an extrapolation scheme, which is A-stable and of order 4, is given in section 6. In section 7 this scheme is provided with stepsize and local error control, in the usual way, and then compared with the codes GEAR (see [5]) and ROW4A. ROW4A is an A-stable RKR code developed by KAPS and RENTROP [8] and modified by GOTTWALD and WANNER [5]. ROW4A is based on a fairly accurate scheme of order 4 and especially equipped for problems showing sudden changes from a smooth to a nonsmooth behaviour (see [5]). The final section, section 8, is devoted to some conclusions.

2. Some preliminary remarks

It may be clarifying to remark that method (1.2) can also be applied to non-autonomous ODE systems. Consider the linearly implicit system

$$M\dot{y} = f(x, y)\,, \qquad x \geqq x_0\,, \qquad y(x_0) = y_0\,, \tag{2.1}$$

where M is a constant matrix. For this problem (1.2) can be reformulated to (see also [9, 14])

$$\left.\begin{aligned} &E_{n+\eta} = M - \gamma h f_y(x_{n+\eta}, y_{n+\eta})\,,\\ &E_{n+\eta}k_i = f\Big(x_n + A_i h, y_n + h\sum_{j=1}^{i-1} a_{ij}k_j\Big) + B_i h f_x(x_{n+\eta}, y_{n+\eta}) + M\sum_{j=1}^{i-1} c_{ij}k_j\,, \qquad i = 1, \dots, s\,,\\ &y_{n+1} = y_n + h\sum_{i=1}^{s} w_i k_i\,, \end{aligned}\right\} \tag{2.2}$$

where

$$B_i = \gamma + \sum_{j=1}^{i-1} c_{ij}B_j\,, \qquad A_i = \sum_{j=1}^{i-1} a_{ij}B_j/\gamma\,.$$

Note that the partial derivative vector f_x now enters into the computation. The matrix M has been added just for the sake of completeness. Normally, $M = I$. In the following we confine ourselves to this case. Examples of stiff problems where $M \neq I$ arise, e.g., in mechanics and in the numerical solution of time-dependent partial differential equations (finite element space discretization).

It is also of interest to observe that within the class of RKR methods using the present E-matrix, formulation (1.2) is very general. Consider the *increment vector* definition

$$E_{n+\eta}g_i = h\sum_{j=1}^{i} \beta_{ij} f\Big(y_n + \sum_{m=1}^{j-1} \alpha_{jm}g_m\Big) + h\sum_{j=1}^{i-1} \big(\gamma_{ij}f_y(y_{n+\eta}) + \xi_{ij}I\big)\, g_j$$

for an increment vector g_i. When compared with the corresponding formula in (1.2a), we added all earlier computed f-values from the current step plus the products $f_y(y_{n+\eta})\, g_j$. It is not difficult, however, to show by simple transformations, that all RKR formulas based on g_i can be written in the more simple form (1.2).

The following formulation has been used in [7, 9, 11, 18]:

$$\left.\begin{aligned} &u_i = y_n + \sum_{j=1}^{i-1} \alpha_{ij}g_j\,,\\ &E_{n+\eta}g_i = hf(u_i) + hf_y(y_{n+\eta})\sum_{j=1}^{i-1} \gamma_{ij}g_j\,, \qquad i = 1, \dots, s,\\ &y_{n+1} = y_n + \sum_{i=1}^{s} \mu_i g_i\,. \end{aligned}\right\} \tag{2.3}$$

All theoretical results for $\eta = 0$ in these papers have actually been derived for scheme (2.3). We therefore adopt this formulation in our following sections. Actual integrations will always be carried out with scheme (1.2), however. This scheme avoids the matrix vector multiplications occurring in (2.3). The relations between the coefficients of (2.3) and (1.2) are given by (cf. [9])

$$\left.\begin{aligned} &c_{ij} = \sum_{k=1}^{i-1} \gamma_{ik}(\delta_{kj} - c_{kj})/\gamma\,, \qquad a_{ij} = \sum_{k=1}^{i-1} \alpha_{ik}(\delta_{kj} - c_{kj})\,,\\ &w_j = \sum_{k=1}^{s} \mu_k(\delta_{kj} - c_{kj})\,, \qquad \delta_{kj} \text{ the Kronecker symbol}\,. \end{aligned}\right\} \tag{2.4}$$

In scheme (2.3) the exact Jacobian matrix is used. With respect to the order of consistency p it is allowed to replace $f_y(y_{n+\eta})$ by a difference approximation $\Delta f_y(y_{n+\eta})$, provided, elementwise,

$$\Delta f_y(y_{n+\eta}) = f_y(y_{n+\eta}) + O(h^{p-1})\,. \tag{2.5}$$

3. The order conditions

In this section we consider scheme (2.3) written in the form

$$E_{n+\eta}g_i = f\Big(y_n + h\sum_{j=1}^{i-1} \alpha_{ij}g_j\Big) + hf_y(y_{n+\eta})\sum_{j=1}^{i-1} \gamma_{ij}g_j\,, \qquad i = 1, \dots, s\,, \tag{3.1a}$$

$$y_{n+1} = y_n + h\sum_{i=1}^{s} \mu_i g_i\,. \tag{3.1b}$$

The conditions for the coefficients of a one step method of order p for the solution of (1.1) can be obtained by equating the coefficients of the expansion of the approximate solution y_{n+1} to the solution $y(x)$ that satisfies the

Table 1. Order conditions for $p \leq 5$

1	•	$\Sigma \mu_i = p_1, \quad p_1 = 1$
2		$\Sigma \mu_i \beta_i = p_2, \quad p_2 = \frac{1}{2} - \gamma$
3		$\Sigma \mu_i \alpha_i^2 + \eta(1 - 2\Sigma \mu_i \alpha_i) = p_3, \quad p_3 = \frac{1}{3}$
4		$\Sigma \mu_i \beta_{ij} \beta_j = p_4, \quad p_4 = \frac{1}{6} - \gamma + \gamma^2$
5		$\Sigma \mu_i \alpha_i^3 + \eta^2 \left(\frac{3}{2} - 3\Sigma \mu_i \alpha_i\right) = p_5, \quad p_5 = \frac{1}{4}$
6		$\Sigma \mu_i \alpha_i \alpha_{ij} \beta_j + \eta \left(\frac{1}{6} + \gamma(\Sigma \mu_i \alpha_i - 1) - \Sigma \mu_i \alpha_{ij} \beta_j\right) + \eta^2 \left(\frac{1}{4} - \frac{1}{2} \Sigma \mu_i \alpha_i\right) = p_6, \quad p_6 = \frac{1}{8} - \frac{\gamma}{3}$
7		$\Sigma \mu_i \beta_{ij} \alpha_j^2 + \eta \left(\frac{1}{3} - \gamma - 2\Sigma \mu_i \beta_{ij} \alpha_j\right) = p_7, \quad p_7 = \frac{1}{12} - \frac{\gamma}{3}$
8		$\Sigma \mu_i \beta_{ij} \beta_{jk} \beta_k = p_8, \quad p_8 = \frac{1}{24} - \frac{\gamma}{2} + \frac{3\gamma^2}{2} - \gamma^3$
9		$\Sigma \mu_i \alpha_i^4 + \eta^3(2 - 4\Sigma \mu_i \alpha_i) = p_9, \quad p_9 = \frac{1}{5}$
10		$\Sigma \mu_i \alpha_i^2 \alpha_{ij} \beta_j + \eta^2 \left(\frac{1}{6} - \frac{3}{2}\gamma + 2\gamma \Sigma \mu_i \alpha_i - \Sigma \mu_i \alpha_{ij} \beta_j\right) + \eta^3 \left(\frac{1}{2} - \Sigma \mu_i \alpha_i\right) = p_{10}, \quad p_{10} = \frac{1}{10} - \frac{\gamma}{4}$
11		$\Sigma \mu_i \alpha_{ij} \beta_j \alpha_{ik} \beta_k + \eta \left(-\frac{\gamma}{3} + \gamma^2 + 2\gamma \Sigma \mu_i \alpha_{ij} \beta_j\right) + \eta^2 \left(\frac{1}{6} - \frac{1}{2}\gamma - \Sigma \mu_i \alpha_{ij} \beta_j\right) = p_{11}, \quad p_{11} = \frac{1}{20} - \frac{\gamma}{4} + \frac{\gamma^2}{3}$
12		$\Sigma \mu_i \alpha_i \alpha_{ij} \alpha_j^2 + \eta \left(\frac{1}{3} - 2\Sigma \mu_i \alpha_i \alpha_{ij} \alpha_j - \Sigma \mu_i \alpha_{ij} \alpha_j^2\right) + \eta^2 \left(-\frac{1}{3} + 2\Sigma \mu_i \alpha_{ij} \alpha_j\right) + \eta^3 \left(-\frac{1}{3} + \frac{2}{3} \Sigma \mu_i \alpha_i\right) = p_{12}, \quad p_{12} = \frac{1}{15}$
13		$\Sigma \mu_i \alpha_i \alpha_{ij} \beta_{jk} \beta_k + \eta \left(\frac{1}{24} - \frac{1}{3}\gamma + \gamma^2 - \gamma^2 \Sigma \mu_i \alpha_i - \Sigma \mu_i \alpha_{ij} \beta_{jk} \beta_k\right) + \eta^2 \left(-\frac{\gamma}{2} + \gamma \Sigma \mu_i \alpha_i\right) + \eta^3 \left(\frac{1}{12} - \frac{1}{6} \Sigma \mu_i \alpha_i\right) = p_{13},$ $p_{13} = \frac{1}{30} - \frac{\gamma}{4} + \frac{\gamma^2}{3}$
14		$\Sigma \mu_i \beta_{ij} \alpha_j^3 + \eta^2 \left(\frac{1}{2} - \frac{3\gamma}{2} - 3\Sigma \mu_i \beta_{ij} \alpha_j\right) = p_{14}, \quad p_{14} = \frac{1}{20} - \frac{\gamma}{4}$
15		$\Sigma \mu_i \beta_{ij} \alpha_j \alpha_{jk} \beta_k + \eta \left(\frac{1}{24} - \frac{1}{2}\gamma + \gamma^2 + \gamma \Sigma \mu_i \beta_{ij} \alpha_j - \Sigma \mu_i \beta_{ij} \alpha_{jk} \beta_k\right) + \eta^2 \left(\frac{1}{12} - \frac{1}{4}\gamma - \frac{1}{2} \Sigma \mu_i \beta_{ij} \alpha_j\right) = p_{15},$ $p_{15} = \frac{1}{40} - \frac{5\gamma}{24} + \frac{\gamma^2}{3}$
16		$\Sigma \mu_i \beta_{ij} \beta_{jk} \alpha_k^2 + \eta \left(\frac{1}{12} - \frac{2\gamma}{3} + \gamma^2 - 2\Sigma \mu_i \beta_{ij} \beta_{jk} \alpha_k\right) = p_{16}, \quad p_{16} = \frac{1}{60} - \frac{\gamma}{6} + \frac{\gamma^2}{3}$
17		$\Sigma \mu_i \beta_{ij} \beta_{jk} \beta_{kl} \beta_l = p_{17}, \quad p_{17} = \frac{1}{120} - \frac{\gamma}{6} + \gamma^2 - 2\gamma^3 + \gamma^4$

demand $y(x_n) = y_n$:

$$y(x_n + h) = y_n + \sum_{r=1}^{\infty} \frac{h^r}{r!} \sum_{\text{ord} F = r} \varkappa(F) \, [F]_n , \qquad \text{where } [F]_n \text{ denotes } F(y_n) . \tag{3.2}$$

The coefficients $\varkappa(F)$ of the elementary differential F are recursively defined as (see BUTCHER [3]):

if order F is 1: $\varkappa(F) = 1$, and

$$\text{if order } F \text{ is } r \text{ and } F = \{F_1^{\nu_1} \ldots F_\sigma^{\nu_\sigma}\}: \varkappa(F) = (r-1)! \prod_{i=1}^{\sigma} \frac{1}{\nu_i!} \left(\frac{\varkappa(F_i)}{r_i!}\right)^{\nu_i} \tag{3.3}$$

where r_i is the order of F_i.

The technique to obtain an analogous expansion of y_{n+1} from (3.1), i.e.

$$y_{n+1} = y_n + \sum_{r=1}^{\infty} \frac{h^r}{r!} \sum_{\text{ord} F = r} \varphi(F) \, [F]_n , \tag{3.4}$$

is in essence the same as in the case $\eta = 0$ (see [7, 9, 11, 18]). To illustrate the changes caused by the use of a time-lagged Jacobian matrix we give a lemma and a theorem which lead to the desired expansion (3.4). Details of the derivation can be found in the institute report [1].

If h is small enough, g_i can be expanded in a power series

$$g_i = \sum_{r=0}^{\infty} \frac{h^r}{r!} K_{i,r} . \tag{3.5}$$

If we replace g_i and g_j in equation (3.1a) by the corresponding power series (3.5) and expand all terms of the equation we get a recurrence relation for $K_{i,r}$ for $r > 0$. By means of this recurrence relation we can prove by mathematical induction on r that $K_{i,r-1}$ can be expressed as a linear combination of the elementary differentials of order r. This result is stated in the following

Lemma 3.1: *Let $f = f(y)$ be analytic and let $y_{n+\eta}$ have an expansion of the form*

$$y_{n+\eta} = y_n + \sum_{r=1}^{\infty} \frac{h^r}{r!} z_r , \quad \textit{where} \quad z_r = \eta^r [D^{r-1} f]_n ,$$

and denote $\gamma_{ii} = \gamma$. Then $K_{i,r-1}$ can be written as

$$K_{i,r-1} = \sum_{\operatorname{ord} F = r} \psi_i(F)\, [F]_n , \tag{3.6}$$

where $\psi_i(F)$ is a polynomial in α_{ij}, γ_{ij} and η that satisfies the recurrence relation

$$\begin{aligned} &\textit{if order } F \textit{ is } 1: \quad \psi_i(f) = 1 , \\ &\textit{if order } F \textit{ is } r \textit{ and } F = \{F_1^{\nu_1} \dots F_\sigma^{\nu_\sigma}\} : \end{aligned} \tag{3.7}$$

$$\psi_i(F) = (r-1)! \prod_{m=1}^{\sigma} \frac{1}{\nu_m!} \frac{1}{r_m!}^{\nu_m} \Big\{ \prod_{m=1}^{\sigma} \Big(\sum_{j=1}^{i-1} \alpha_{ij} r_m \psi_j(F_m) \Big)^{\nu_m} + \prod_{m=1}^{\sigma} \big(\eta^{r_m} \varkappa(F_m) \big)^{\nu_m} \sum_{q=1}^{\sigma} \frac{\nu_q r_q}{\eta^{r_q} \varkappa(F_q)} \sum_{j=1}^{i} \gamma_{ij} \psi_j(F_q) ,$$

where r_i is the order of F_i.

This leads to

Theorem 3.2: *If the conditions of lemma 3.1 are fulfilled, the next statement holds: to each elementary differential F corresponds an elementary weight $\varphi = \varphi(F)$ that is defined by*

$$\varphi(F) = \sum_{i=1}^{s} \mu_i r \psi_i(F) , \tag{3.8}$$

where r is the order of F, $\psi_i(F)$ is given by (3.7) and $\varkappa(F)$ by (3.3).

The order conditions $\varphi(F) = \varkappa(F)$ have been derived from the recurrence relations using a formula manipulation program (see [1]). The conditions up to order 5 have been listed in Table 1 in the same style as in Kaps and Wanner [9], Table 2. In Table 1 the following abbreviations have been used:

$$\beta_{ij} = \alpha_{ij} + \gamma_{ij} , \qquad \alpha_i = \sum_{j=1}^{i-1} \alpha_{ij} , \qquad \beta_i = \sum_{j=1}^{i-1} \beta_{ij} , \qquad \alpha_{ij} = \gamma_{ij} = 0 \ \text{ for } \ i \leqq j .$$

4. The absolute stability

When applied to the test equation for absolute stability, i.e.

$$y' = \lambda y , \qquad \lambda \in \mathbf{C} ,$$

scheme (2.3) yields

$$y_{n+1} = R(z)\, y_n , \qquad z = h\lambda ,$$

where

$$R(z) = 1 + \sum_{l=1}^{s} \left(\frac{z}{1 - \gamma z} \right)^l \boldsymbol{\mu}^{\mathsf{T}} B^{l-1} \mathbf{e} . \tag{4.1}$$

B is the lower triangular matrix $(\alpha_{ij} + \gamma_{ij})$, $\boldsymbol{\mu}^{\mathsf{T}} = [\mu_1, \dots, \mu_s]$ and $\mathbf{e}^{\mathsf{T}} = [1, \dots, 1]$. The rational function R is the well-known stability function which determines the region of absolute stability and which, for $z \to 0$, approximates the exponential. Let q denote the order of R, i.e. q is the largest integer such that $R(z) = e^z + O(z^{q+1})$, $z \to 0$. If it is required that $q \geqq s$, R is known [2, 10, 11], viz.

$$R(z) = \left(\sum_{j=0}^{s} z^j \sum_{i=0}^{j} \binom{s}{i} \frac{(-\gamma)^i}{(j-i)!} \right) \Big/ (1 - \gamma z)^s . \tag{4.2}$$

Hence, if $q \geqq s$, the absolute stability is completely determined by the parameter γ. In what follows we therefore shall use the notation $R(\gamma, z)$ for (4.2). The requirement of L-stability, i.e. A-stability and $R(\gamma, \infty) = 0$, fixes γ. Burrage [2] has given ranges for γ for which $R(\gamma, z)$ is A-stable. For $s = 4$, for example, this range is approximately given by [0.39434, 1.28057].

5. A modified Richardson extrapolation

During the investigation several approaches have been tried in order to find the best possible use of integrating with a constant E-matrix and an order p which is independent of η. As a rule, the extrapolation process described in this section turned out to be the most fruitful one. In this process the parameter η alternates between 0 and -1.

Again we consider formulation (2.3). It is convenient to associate with (2.3) the map

$$v \to S[\gamma, \eta; h, v], \tag{5.1}$$

v being the vector to which the RKR scheme is applied $\big(v = y_n$ in (2.3)$\big)$. Now let δ be a positive real and let v_n be an approximation to the exact solution $y = y(x)$ of (1.1) at the point $x = x_n$. For some given h, we then compute v_{n+2}, an approximation at $x = x_{n+2} = x_n + (1 + \delta) h$, by the *modified Richardson extrapolation*

$$v_{n+1} = S[\gamma, 0; h, v_n], \qquad v_{n+2}^{(1)} = S[\gamma\delta^{-1}, -1; \delta h, v_{n+1}], \tag{5.2a), (5.2b}$$

$$v_{n+2}^{(2)} = S[\gamma(1+\delta)^{-1}, 0; (1+\delta) h, v_n], \qquad v_{n+2} = v_{n+2}^{(1)} + \alpha(v_{n+2}^{(1)} - v_{n+2}^{(2)}). \tag{5.2c), (5.2d}$$

The above formulation may require some additional explanation. Suppose we have constructed a p-th order RKR scheme S in such a way that γ and $\eta \in \{0, -1\}$ are still free. The computations (5.2a)–(5.2c) are then all of the same order p and, as can be readily seen, use only one E-matrix which is given by $I - \gamma h f_y(v_n)$. Note that the original Richardson process for our RKR scheme requires the treatment of three different E-matrices (two f_y-evaluations and three LU-decompositions). The parameter δ has been introduced in order to have the possibility to perform the second step $v_{n+1} \to v_{n+2}^{(1)}$ with a somewhat smaller stepsize than the first step $v_n \to v_{n+1}$. This is desirable due to the fact that the error constants of method (2.3) will grow as η will decrease. This can be deduced from the expressions for the order conditions.

Because we actually apply three different integration schemes in (5.2), the parameter α occurring in the extrapolation formula (5.2d) cannot be used to enlarge the order of v_{n+2} to $p + 1$. In the next section we will use α as well as γ and δ, for defining an A-stable, 4-th order extrapolation scheme $v_n \to v_{n+2}$ with reasonably small principal error constants. The underlying RKR scheme S is especially adapted to (5.2) in the sense that the "double step" $v_n \to v_{n+2}^{(2)}$ is relatively cheap. Note that the difference $v_{n+2}^{(1)} - v_{n+2}^{(2)}$, which is of order $p + 1$ in h, can be used for stepsize control.

Before proceeding with the next section we still give the stability function of the extrapolation scheme $v_n \to$ $\to v_{n+2}$, as well as the expression for its error constants in terms of the error constants of the RKR scheme S.

Suppose that the scheme S is such that its stability function R is given by $R(\gamma, z)$ defined by (4.2). The stability function of the complete scheme (5.2), say $\tilde{R}$, is then given by

$$\tilde{R}(z) = (1 + \alpha)\, R(\gamma, z)\, R(\gamma\delta^{-1}, \delta z) - \alpha R\big(\gamma(1+\delta)^{-1}, (1+\delta) z\big). \tag{5.3}$$

Hence the absolute stability region of the complete scheme (5.2) is determined by the parameters γ, α and δ.

Suppose that the RKR scheme S referred to in (5.1) is of order p and that p does not depend on γ and η. For a sufficiently smooth solution $y = y(x)$ of the ODE system (1.1) we then can write

$$y(x_n + h) - S[\gamma, \eta; h, y(x_n)] = h^{p+1} \sum_i C_i(\gamma, \eta)\, F_i(y(x_n)) + O(h^{p+2}), \tag{5.4}$$

where F_i is used as a simple notation for the i-th elementary differential of order $p + 1$. Hence $C_i = C_i(\gamma, \eta)$ represents the i-th principal local error constant.

When associating the map

$$v \to \tilde{S}[\alpha, \gamma, \delta; h, v] \tag{5.5}$$

with the extrapolation scheme (5.2) we can write, after some easy calculations,

$$y(x_n + (1+\delta) h) - \tilde{S}[\alpha, \gamma, \delta; h, y(x_n)] = h^{p+1} \sum_i \tilde{C}_i(\alpha, \gamma, \delta)\, F_i(y(x_n)) + O(h^{p+2}), \tag{5.6}$$

where

$$\tilde{C}_i(\alpha, \gamma, \delta) = (1 + \alpha)\, [C_i(\gamma, 0) + \delta^5 C_i(\gamma\delta^{-1}, -1)] - \alpha(1+\delta)^5\, C_i(\gamma(1+\delta)^{-1}, 0). \tag{5.7}$$

Observe that we expand in h while (5.2) steps from x_n to $x_n + (1 + \delta) h$.

6. A 4-th order, A-stable extrapolation scheme

The parameter values for this scheme are contained in Table 2. We omit the derivation of these parameters and confine ourselves to the following remarks:

(i) We have tabulated the parameters of the corresponding RKR formula (1.2). This formula should be implemented on the computer. Readers who are interested in the belonging parameter values of formula (2.3) should use relations (2.4).

(ii) The number of stages s of the RKR formula is equal to 4, but only two f-evaluations are required. The formula can be implemented in such a way that the third computation (5.2c) can be performed at the cost of one $f(y)$-evaluation and two forward-backward substitutions. This means that the step $v_n \to v_{n+2}$ costs one f_y-evaluation, one LU-decomposition, five f-evaluations and ten FB-substitutions. By way of comparison, the costs of two steps with the 4-th order RKR code ROW4A amount to two f_y-evaluations, two LU-decompositions, six f-evaluations and eight FB-substitutions.

Table 2. Integration parameters of three different 4-stage RKR formulas (1.2) of order $p = 4$. For $\alpha = 0.1$, $\gamma = 0.4$ and $\delta = 0.6$ these three formulas can be combined to a 4-th order, A-stable extrapolation method (5.2). The parameters have been rounded to 11 decimal digits

	(5.2a)	(5.2b)	(5.2c)
a_{21}	0	0	0
a_{31}	0.84375	1.35666117081	0
a_{32}	−0.046875	−0.33289385680	0
a_{41}	0.84375	1.35666117081	0
a_{42}	−0.046875	−0.33289385680	0.375
a_{43}	0	0	0
c_{21}	1	1	1
c_{31}	0	0	0
c_{32}	−1.125	−0.19780410790	1
c_{41}	0.920454545454 5	−0.03182829164	1.125
c_{42}	−0.920454545454 5	0.03182829164	−0.5625
c_{43}	0.81818181818	−0.16090814282	−0.5625
w_1	−0.45370370370	3.34089914352	−0.37037037037
w_2	1.27777777778	−1.89325651260	0.22222222222
w_3	1.08641975309	−1.26969525484	0.44444444444
w_4	−0.27160493827	2.36792462950	0.59259259259

Table 3. Absolute values of all nine error constants $\tilde{C}_i(\alpha, \gamma, \delta)$ of the 4-th order extrapolation method given in Table 2. The integer numbers correspond with the numbers of the order conditions from Table 1

9	10	11	12	13	14	15	16	17
0.0002	0.0013	0.0007	0.0330	0.0006	0.0009	0.0029	0.0099	0.0073

(iii) The stability function $\tilde{R}(z)$ is A-stable. We verified this numerically. Further, $\tilde{R}(-\infty) \simeq 0.4$. Hence stiff solution components are sufficiently damped by our extrapolation scheme.

(iv) The parameter $\delta = 0.6$. We need a value reasonably smaller than one in order to cope with the error constants which we meet for $\eta = -1$. Some of these turn out to be significantly larger (a factor 10) than the corresponding error constants for $\eta = 0$. All nine error constants $C_i(\alpha, \gamma, \delta)$, see (5.7), have been listed in Table 3.

7. Numerical examples

We have implemented the 4-th order extrapolation scheme from Table 2 in a research code, called RKRMC, and have compared this code with the aforementioned RKR code ROW4A. The results of the comparison have been collected in this section. For the sake of completeness we also have included results of the backward differentiation code GEAR [6]. Backward differentiation codes belong to the most popular ones in the field of stiff equations.

Our stepsize and local error control is to a great extent the same as in ROW4A. For example, we have adopted the idea of back-stepping. Our criterion for a back-step is different, however. Details can be found in the flow chart given in Figure 1. Please recall that the back-step strategy involves that the integration is always continued till two steps beyond x_{end} have been successful [5]. Facmax, facmin and fac represent the usual threshold parameters, while EST_{n+2} and h_{new} are defined by

$$\text{EST}_{n+2} = \alpha \max_i |v_{n+2,i}^{(1)} - v_{n+2,i}^{(2)}| / \max\left(1, |v_{n,i}|, |v_{n+2,i}|\right),$$

$$h_{\text{new}} = h \cdot \min\left(\text{facmax}, \max\left(\text{facmin}, \text{fac}\,(\text{TOL}/\text{EST}_{n+2})^{1/5}\right)\right).$$

Here, v_i denotes the i-th component of the vector variable v.

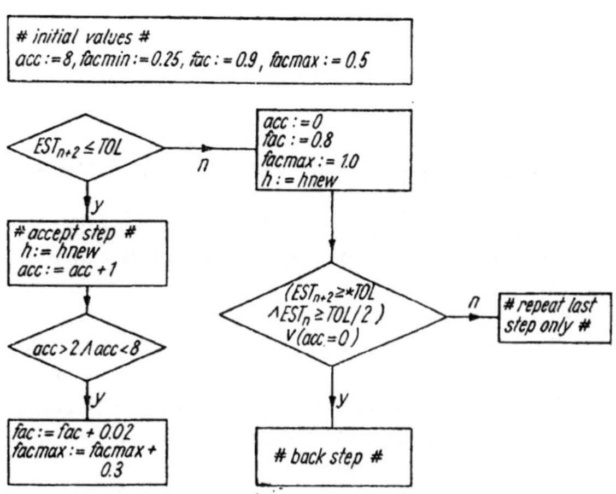

Fig. 1. Flow-chart describing the control strategy. Instead of "$\text{EST}_{n+2} \geq * \text{TOL}$" in the large rhomb read "$\text{EST}_{n+2} \geq 5 * \text{TOL}$"

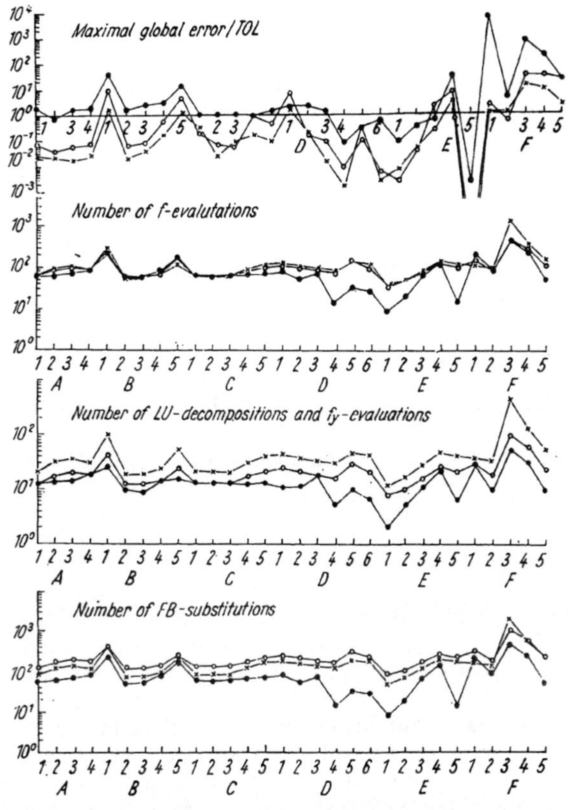

Fig. 2. Results for TOL = 10^{-2}; ● GEAR, × ROW4A ○ RKRMC

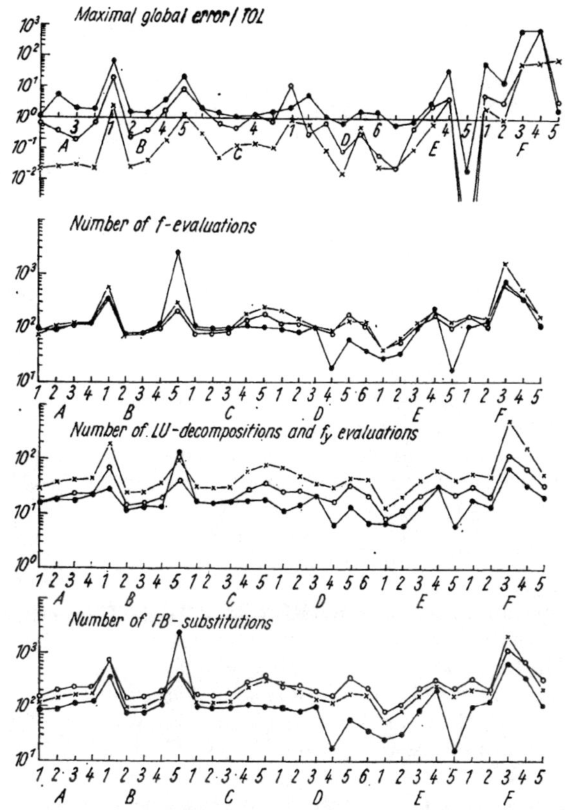

Fig. 3. Results for TOL = 10^{-3}; ● GEAR × ROW4A ○ RKRMC

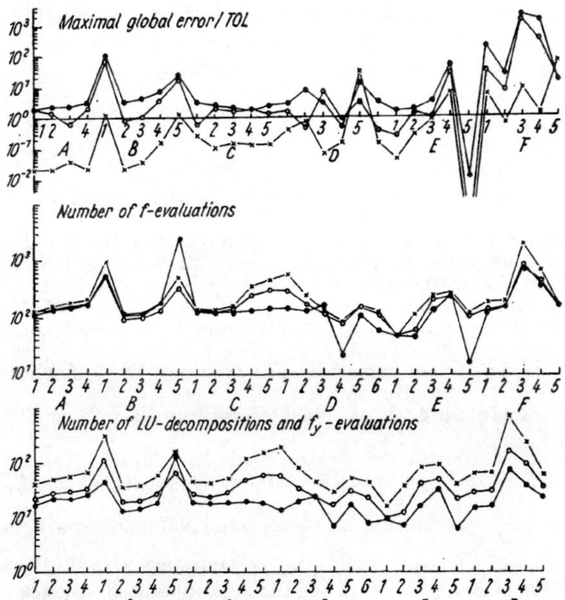

Fig. 4. Results for TOL = 10^{-4}; ● GEAT × ROW4A ○ RKRMC

The experiments were carried out in a similar way as in the paper by GOTTWALD and WANNER [5]. We have compared the three codes for the 25 stiff test problems from ENRIGHT, HULL and LINDBERG [4] plus the 5 additional problems $F_1, \ldots, F_5$ suggested by GOTTWALD and WANNER. They are harder due to sudden changes from a smooth to a non-smooth behaviour. In order to detect these sudden changes in time, the idea of back-stepping has been suggested.

In all integrations of $F_1, \ldots, F_5$ the initial step size h was equal to 10^{-3}. For the other problems we always used the values given in [4]. Further, in all experiments the analytic partial derivative matrix f_y has been used. Concerning the use of GEAR, two further remarks must be made. We called GEAR with its method parameter INDEX = 2, i.e. the end point is always hit exactly and no output interpolation is made. Further, we changed the weights YMAX(I) which are used in the mixed relative-absolute local error test. In our calls, YMAX(I) = = max (1, |current Y(I)-value|). After this change the overall picture of GEAR's performance slightly improved.

For three TOL values, namely 10^{-2}, 10^{-3} and 10^{-4}, we have plotted (see Fig. 2, 3, 4):

a) The maximal global error of the computed solution over the whole integration interval and all components in the mixed relative-absolute sense. To this purpose we called ROW4A over each current step interval with TOL = $= 10^{-8}$ and used the corresponding computed solution as an exact reference solution.

b) The number of f-evaluations.

c) The number of FB-substitutions. Note that for ROW4A and RKRMC this number is larger than the number of f-evaluations.

d) The number of LU-decompositions. For all three codes this number is equal to the number of f_y-evaluations, provided f has a non-constant Jacobian.

To a large extent, the numbers of f-evaluations, FB-substitutions, LU-decompositions and f_y-evaluations determine the amount of computing work involved.

8. Conclusions

The comparison of RKRMC with ROW4A shows that the use of the extrapolation scheme normally shall lead to an appreciable reduction in the required number of LU-decompositions and f_y-evaluations. On the present test set RKRMC computes approximately half of the number of LU-decompositions and f_y-evaluations used by ROW4A, while the number of f-evaluations plus FB-substitutions is almost equal. With respect to accuracy behaviour however, RKRMC normally falls behind ROW4A. For TOL = 10^{-2} the maximal global errors of RKRMC and ROW4A are more or less comparable, but for TOL = 10^{-3}, 10^{-4} ROW4A is, in most cases, clearly the more accurate code. It is difficult to say whether the use of a time-lagged Jacobian matrix should be blamed for this. The choice of the underlying RKR scheme also plays a role of course (compare the results for the linear problems from classes A and B).

As already observed by GOTTWALD and WANNER [5], with respect to accuracy behaviour GEAR is considerably less reliable than ROW4A. On the other hand, in almost all cases GEAR also requires considerably less computational work than ROW4A. In both respects, RKRMC lies between GEAR and ROW4A.

References

1 BLOM, J. G., Order conditions for a class of Runge-Kutta-Rosenbrock methods, Report NN25/82, Mathematical Centre, Amsterdam 1982.
2 BURRAGE, K., A special family of Runge-Kutta methods for solving stiff differential equations, BIT **18**, 22–41 (1978).
3 BUTCHER, J. C., Coefficients for the study of Runge-Kutta integration processes, J. Austral. Math. Soc. **3**, 185–201 (1963).
4 ENRIGHT, W.; HULL, T. E.; LINDBERG, B., Comparing numerical methods for stiff systems of ODEs, BIT **15**, 10–48 (1975).
5 GOTTWALD, B. A.; WANNER, G., A reliable Rosenbrock integrator for stiff differential equations, Computing **27**, 355–360 (1981).
6 HINDMARSH, A. C., GEAR, Ordinary differential equation system solver, Lawrence Livermore Laboratory Report UCID-30001, Rev. 3, 1974.
7 KAPS, P., Modifizierte Rosenbrockmethoden der Ordnung 4, 5 und 6 zur numerischen Integration steifer Differentialgleichungen, Dissertation, Universität Innsbruck 1977.
8 KAPS, P.; RENTROP, P., Generalized Runge-Kutta methods of order 4 with stepsize control for stiff ordinary differential equations, Numer. Math. **33**, 55–68 (1979).
9 KAPS, P.; WANNER, G., A study of Rosenbrock-type methods of high order, Numer. Math. **38**, 279–298 (1981).
10 NORSETT, S. P.; WANNER, G., The real-pole sandwich for rational approximations and oscillation equations, BIT **19**, 79–94 (1979).
11 NORSETT, S. P.; WOLFBRANDT, A., Attainable order of rational approximations to the exponential function with only real poles, BIT **17**, 200–208 (1977).
12 NORSETT, S. P.; WOLFBRANDT, A., Order conditions for Rosenbrock type methods, Numer. Math. **32**, 1–15 (1979).
13 ROSENBROCK, H. H., Some general implicit processes for the numerical solution of differential equations, Computer J. **18**, 329 to 330 (1963).
14 SHAMPINE, L. F., Implementation of Rosenbrock methods. Report SAND80 — 2367J, Sandia National Laboratories, Albuquerque, New Mexico 1980.
15 SCHOLZ, S., Modifizierte Rosenbrock-Verfahren mit genäherter Jacobi-Matrix, Report Sektion Mathematik, Technische Universität Dresden 1979.
16 STEIHAUG, T.; WOLFBRANDT, A., An attempt to avoid exact Jacobian and nonlinear equations in the numerical solution of stiff differential equations, Math. Comput. **33**, 521–534 (1979).
17 VERWER, J. G.; SCHOLZ, S., Rosenbrock methods and time-lagged Jacobian matrices, Beitr. Numer. Math. **11** (1982).
18 WOLFBRANDT, A., A study of Rosenbrock processes with respect to order conditions and stiff stability, Thesis Chalmers Univ. of Technology, Göteborg 1977.

Eingereicht: 26. 2. 1982

Anschriften: Dr. J. G. VERWER, J. G. BLOM, M. LOUTER-NOOL, Mathematisch Centrum, Kruislaan 413, 1098 SJ Amsterdam, Niederlande; Dr. SIEGFRIED SCHOLZ, TU Dresden, Sektion Mathematik, WB Numerische Mathematik, Mommsenstraße 13, DDR-8027 Dresden

ZAMM 63, 21 – 28 (1983)

J. P. Fink / W. C. Rheinboldt

On the Error Behavior of the Reduced Basis Technique for Nonlinear Finite Element Approximations

Dedicated to the memory of the 100th birthday of Friedrich Adolf Willers

Die vorliegende Arbeit bietet eine theoretische Begründung für das Verfahren der Reduzierten Basis und gibt mathematische Argumente für deren Effektivität an. Es werden einige recht allgemeine Ergebnisse über die Existenz von Lösungskurven für eine umfangreiche Klasse nichtlinearer Probleme entwickelt. Diese Ergebnisse werden dann dazu verwendet, Fehlerabschätzungen zwischen einer exakten Lösungskurve und deren Approximation nach dem Verfahren der Reduzierten Basis abzuleiten.

This paper provides a theoretical foundation for the reduced basis technique and gives mathematical reasons for its effectiveness. Some rather general results about the existence of solution curves for a large class of nonlinear problems are developed. These results are then used to derive estimates between an exact solution curve and its reduced basis approximation.

Настоящая работа обеспечивает теоретическое основание метода редуцированного базиса и даёт математические причины для эффективности этого метода. Развиваются довольно общие результаты о существовании разрешающих кривых для широкого класса нелинейных проблем. Потом эти результаты применяют к выводу оценок попрешности между кривой точного решения и её приближением по методу редуцированного базиса.

1. Introduction

In recent years, the analysis of nonlinear structural systems has become increasingly important in engineering applications. Despite the progress which has been made in the development of numerical methods, the solution of the large systems of nonlinear equations encountered in these problems remains a very costly task. Accordingly, there is an on-going effort to increase the efficiency of the various numerical approaches.

One particular development which holds considerable promise is the so-called reduced basis technique. It appears to have been proposed first in [10] and was developed further in [1], [2], [12], [13], [14]. The technique is based in the setting of a standard continuation procedure for nonlinear problems. In the cited literature it is viewed as a specially chosen linear transformation which allows a considerable reduction in the size of the global stiffness equations derived by a standard finite element approximation. This transformation corresponds to the construction of a set of globally defined basis functions from the original elemental shape functions. Thus, the resulting transformed system has a full matrix, but its small size ensures the effectiveness of the approach. Moreover, all numerical experiments show that the same global basis may be used for a considerable segment of the solution curve.

The aim of this paper is to provide a theoretical foundation for the reduced basis technique for a particular class of problems and to exhibit a mathematical reason for its effectiveness. The concept of the method is very general and there is no reason to consider it only in the finite-dimensional setting of the cited articles. In essence, the new bases represent approximations of the moving coordinate frames along the solution curve and this allows for the application of error estimates which highlight the excellent approximation properties of these bases.

In Section 2 below we illustrate the reduced basis technique for a particular strongly elliptic boundary value problem. Then Sections 3 and 4 provide some results about the existence of the solution curves for a rather general class of nonlinear problems. Finally, in Section 5 estimates are derived for the error between the exact solution curve and its approximation obtained by the reduced basis technique. These estimates offer a clear justification for the experimentally observed effectiveness of the approach.

2. The reduced basis technique

For purposes of illustration and as a model problem, we consider the boundary value problem

$$-\sum_{i,j=1}^{n} \frac{\partial}{\partial t_i}\left(a_{ij}(t)\,\frac{\partial u}{\partial t_j}\right) + b(\lambda, t, u) = 0 \quad \text{for all} \quad t \in \Omega; \qquad u = 0 \quad \text{for all} \quad t \in \partial\Omega\,, \tag{2.1}$$

where Ω is a suitable bounded domain in R^n, the coefficients are as smooth as needed, and the differential operator is strongly elliptic. A weak formulation of (2.1) is

$$\int_{\Omega}\left[\sum_{i,j=1}^{n} a_{ij}(t)\,\frac{\partial u}{\partial t_j}\,\frac{\partial v}{\partial t_i} + b(\lambda, t, u)\,v\right] \mathrm{d}t = 0 \quad \text{for all} \quad v \in H_0^1(\Omega)\,, \tag{2.2}$$

and we note that under appropriate regularity conditions a weak solution $u \in H_0^1(\Omega)$ of (2.2) is also a strong solution of (2.1) (see, for example, [8]).

We view (2.2) as a continuation problem with λ as the continuation parameter. Then, in general, the solution set of (2.2) forms a one-dimensional manifold in $\mathbb{R} \times H_0^1(\Omega)$. Hence, local charts represent curve segments in $\mathbb{R} \times H_0^1(\Omega)$ of the form

$$x(s) = \{\lambda(s), u(s)\}, \quad s \in J, \tag{2.3}$$

where J denotes some open interval in $\mathbb{R}^1$. We are interested here in approximating any such solution segment (2.3) of (2.2).

The standard Galerkin approximation of a solution of (2.2) involves the selection of a finite-dimensional subspace V_h of $H_0^1(\Omega)$ and the determination of $u = u_h \in V_h$ such that (2.2) holds for all $v \in V_h$. Once a basis of V_h has been chosen, one obtains in this way a nonlinear equation

$$F_h(x_h) = 0, \quad x_h = \{\lambda, u_h\} \in \mathbb{R} \times V_h \tag{2.4}$$

for x_h. The fundamental question, of course, is the choice of the subspace $X_h = \mathbb{R} \times V_h \subset \mathbb{R} \times H_0^1(\Omega)$ and its basis.

The fundamental idea behind the reduced basis technique — although it is not formulated this way in the cited literature — may be considered as a special selection of the approximating subspace X_h. More specifically, a basis is chosen with properties that are intrinsic to the solution segment (2.3) under consideration. In differential geometry, these basis functions form the first few coordinate directions of the so-called "moving frame" at a point $x^0 = \{\lambda(s_0), u(s_0)\}$ on the curve. The concept of the moving frame is illustrated in Figure 1 for a curve in $\mathbb{R}^3$. In principle, we assume for the moment that the curve segment is analytic. Then the Frenet approximation of the curve near x^0 indicates that near that point the curve does not deviate much from the one-dimensional tangent space at x_0. As we move away from x^0, curvature begins to have more of an effect, but the curve remains approximately near to the two-dimensional osculating space at x^0. Still further from x^0, torsional effects begin to appear; nevertheless, it may be expected that the curve can be approximated well by only the first few of the functions of the moving frame at x^0. In other words, already for relatively low dimensional approximating subspaces X_h constructed in this way we should expect rather small approximation errors.

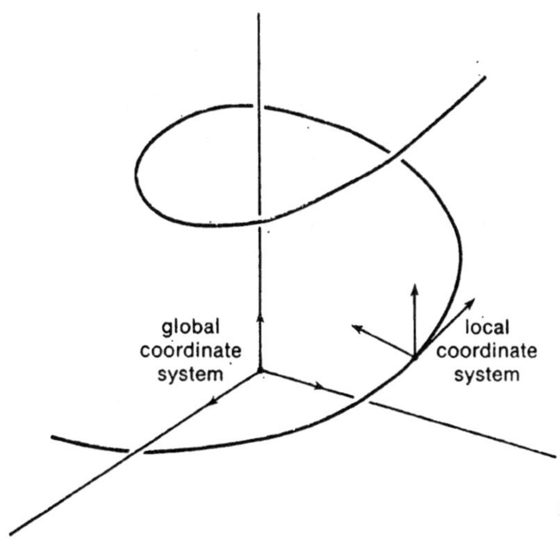

Fig. 1

In this generic form the technique is numerically infeasible since it is very difficult to compute the needed basis functions. Therefore, in practice the method is not applied to the original infinite-dimensional problem but to some preliminary finite-dimensional approximation (2.4) obtained by a standard finite element discretization. In general, the solution set of (2.4) is, of course, a one-dimensional manifold in $\mathrm{R} \times V_h$ and we are interested locally parametrized solution segments

$$x_h(s) = \{\lambda(s), u_h(s)\} \in \mathbb{R} \times V_h, \quad s \in J. \tag{2.5}$$

As before, if $x_h^0 = \{\lambda(s_0), u_h(s_0)\}$, $s_0 \in J$, is a given point, we choose the first few of the vectors of the moving frame of (2.5) at x^0 as the basis of a reduced subspace $V_{hR} \subset V_h$. This results in a reduced equation of the form (2.4) on V_{hR} and as before we expect that already for low dimensional spaces V_{hR} the solution of the reduced equations approximate well the curve segment (2.5) under consideration. This has been confirmed in many numerical examples in [1], [2], [10], [12], [13], [14].

For a theoretical understanding of the approach we have to analyse the various errors entering into the procedure. The situation is shown schematically in Figure 2, where the following notation is used:

$x(s)$: exact solution segment (2.3),
$x_R(s)$: reduced basis segment for $x(s)$ using the first few basis functions of the moving frame of $x(s)$ itself,
$x_h(s)$: solution segment (2.5) of the approximate problem obtained by a standard finite element discretization,
$x_{hR}(s)$: reduced basis segment for $x_h(s)$ using the first few basis vectors of the moving frame of $x_h(s)$.

Once the initial finite element approximation has been made, the error between $x(s)$ and $x_h(s)$ becomes part of the problem and the subsequent application of the reduced basis technique has no control over it. This error has been analyzed by various authors (see, for example, [5], [6]) although as yet all these results require rather restrictive conditions about the particular nonlinear boundary value problems.

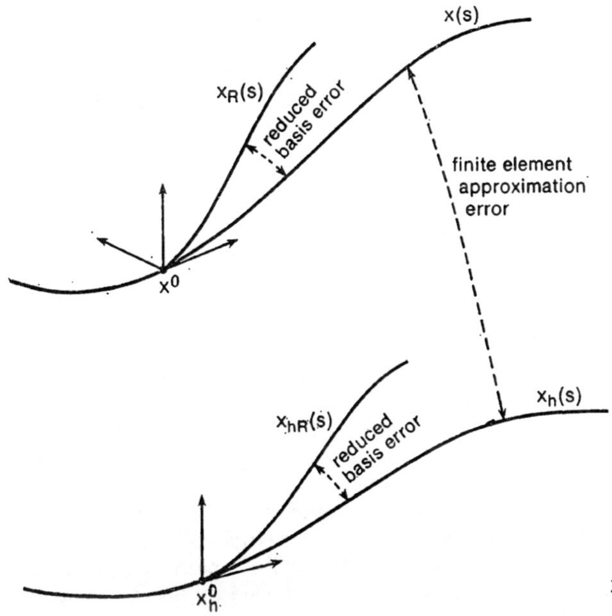

Fig. 2

In this paper, we address the reduced basis errors, that is, the errors between $x_R(s)$ and $x(s)$, and between $x_{hR}(s)$ and $x_h(s)$ shown in Figure 2. It turns out that the analysis can be done in general and that there is no need to distinguish between the infinite- and finite-dimensional cases.

We end this section with a brief comment about the practical computation of the first few vectors of the moving frame of the solution segment (2.5) of the approximate problem (2.4). As before, let $x_h^0 = \{\lambda(s_0), u_h(s_0)\}$ be a given point on (2.5). Then we use as vectors of the moving frame the derivatives of (2.5) with respect to s at $s = s_0$, that is,

$$x_h^1 = \dot{x}_h(s_0)\,, \qquad x_h^2 = \ddot{x}_h(s_0)\,, \ldots . \tag{2.6}$$

The relationships between these vectors depend on the parameter s. If s is the arc length, then x_h^1 is the unit tangent vector of the curve (2.5) at x_h^0, x_h^2 is the curvature times the normal vector at x_h^0, etc. Often the term "moving frame" is only applied to this particular case of the vectors (2.6), but there is no need to restrict ourselves in this way.

Since the solution curve (2.5) satisfies (2.4), the vectors (2.6) may be calculated from the equations

$$\begin{aligned} &DF_h(x_h^0)\, x_h^1 = 0\,, \\ &DF_h(x_h^0)\, x_h^2 = -D^2F_h(x_h^0)\,(x_h^1, x_h^2)\,, \\ &DF_h(x_h^0)\, x_h^3 = -3D^2F_h(x_h^0)\,(x_h^1, x_h^2) - D^3F_h(x_h^0)\,(x_h^1, x_h^1, x_h^1)\,, \end{aligned} \tag{2.7}$$

which follow from (2.4) by repeated differentiation. Here DF_h, D^2F_h, etc. are the (Fréchet) derivatives of F_h. The equations (2.7) do not determine the x_h^k uniquely as long as the parameter s remains unspecified. Various parameter choices have been discussed in the literature (see, for example, [15]). As an example, we mention only the specification of s by means of the constraint

$$\alpha\dot{\lambda}^2 \times \beta \int_\Omega \sum_{i=1}^{n} \left(\frac{\partial \dot{u}_h}{\partial t_i}\right)^2 dt = 0 \tag{2.8}$$

which was used in [14] in connection with the reduced basis technique. Here α, β are given constants such that $0 \leqq \alpha, \beta \leqq 1, \alpha + \beta > 0$. For $\alpha = \beta = 1$, the parameter s is the arc length, whereas for $\alpha = 1$ and $\beta = 0$ the difference $s - \lambda$ is constant.

For the numerical computation, the equations (2.7) require the evaluation of higher derivative terms of F_h of the form $D^jF_h(x_h^0)\,(a^1, a^2, \ldots, a^j)$. For most practical applications this may turn out to be an unacceptably costly task. On the other hand, all equations (2.7) involve the same matrix $DF_h(x_h^0)$ on the left. In [12], [13] [14] it was shown that for certain large-deflection, nonlinear shell problems the evaluation of the higher derivative terms is feasible since in these cases the approximate equations are cubic in the deformation variables. On the other hand, in [1], [2] the equations (2.7) are avoided and the reduced basis vectors are computed instead by using several points along the curve segment (2.5) and hence by approximating the path derivatives (2.6) by difference quotients. In this case, the number of vectors of the reduced basis that can be obtained is limited. There is still much need for further research in this connection.

3. Existence of the infinite-dimensional solution segment

In order to estimate the reduced basis errors sketched in Figure 2, we require first some information about the existence of the solution segment (2.3). In the discussion of Section 2 we used the weak formulation (2.2) of our model problem. This is desirable when Galerkin approximations are introduced. For the existence of strong segments (2.3), it is often more advantageous to work directly with the strong form (2.1).

More generally, we work here in an abstract setting and assume simply that X and Y are Banach spaces and $F: U \subset X \to Y$ a continuously differentiable function on some open set of U of X. Our problem then has the form

$$F(x) = 0\,, \qquad x \in U\,. \tag{3.1}$$

In the case of (2.1) we have $X = \mathbb{R} \times C_0^2(\Omega)$, $Y = C^0(\Omega)$, $U = X$ and

$$F(\lambda, u)\,(t) = -\sum_{i,j=1}^{n} \frac{\partial}{\partial t_i}\left(a_{ij}(t)\,\frac{\partial u}{\partial t_j}\right) + b(\lambda, t, u)\,, \qquad t \in \Omega\,.$$

In order to derive some properties of the solution manifold of (3.1), let the regularity set of F be defined by

$$\mathcal{R}(F) = \{x \in U\colon \dim\ker\big(\mathrm{D}F(x)\big) = 1,\ \mathrm{rge}\big(\mathrm{D}F(x)\big) = Y\}\,, \tag{3.2}$$

where ker denotes the kernel or null space and rge the range of $\mathrm{D}F(x)$. Assume that $\mathcal{R}(F)$ is nonempty. Then, for $x \in \mathcal{R}(F)$, $\mathrm{D}F(x)$ is a linear Fredholm operator of index 1 from X to Y. Since we draw heavily on the properties of Fredholm operators, it may be useful to state a few basic definitions and results. (For an introduction to linear Fredholm operators, see [16]; nonlinear Fredholm operators are discussed in [3], and for an excellent survey of Fredholm operators which includes numerous references, we refer to [4].)

Definition: Let X and Y be Banach spaces. An operator A in the space $L(X, Y)$ of bounded linear operators from X to Y, is a *Fredholm operator* from X to Y if both $\ker A$ and the cokernel $\operatorname{coker} A = Y/\mathrm{rge}\,A$ are finite-dimensional. (Thus, rge A is a closed subspace of Y.) The *index* of a Fredholm operator is defined by $\operatorname{ind} A = \dim\ker A - \dim\operatorname{coker} A$. The set of Fredholm operators of index n is denoted by $\Phi_n(X, Y)$, and the set of all Fredholm operators by $\Phi(X, Y)$.

Some fundamental properties of Fredholm operators are summarized in the following theorem.

Theorem 3.1: *Let $A \in \Phi(X, Y)$. Then:*

(i) *There is a closed subspace X_0 of X such that $X = X_0 \oplus \ker A$.*

(ii) *There is a finite-dimensional subspace Y_0 of the dimension of* coker A *such that $Y = \mathrm{rge}\,A \oplus Y_0$.*

(iii) *There is an operator $A_0 \in L(Y, X)$ such that $\ker A_0 = Y_0$, $\mathrm{rge}\,A_0 = X_0$, $A_0A = I$ on X_0, $AA_0 = I$ on rge A.*

An important perturbation result is contained in the next theorem.

Theorem 3.2: *Let $A \in \Phi_n(X, Y)$. Then there is an $\varepsilon > 0$ such that, for any $T \in B(X, Y)$ with $\|T\| < \varepsilon$, it follows that*

(i) $A + T \in \Phi_n(X, Y)$ *and*

(ii) $\dim\ker(A + T) \leqq \dim\ker A$.

Using the above results, we can conclude that the regularity set is open.

Lemma 3.3: *$\mathcal{R}(F)$ is an open set.*

Proof: This is trivial if $\mathcal{R}(F) = \emptyset$. So assume $\mathcal{R}(F) \neq \emptyset$ and let $x \in \mathcal{R}(F)$. By the continuity of $\mathrm{D}F$ and Theorem 3.2, there exists a $\delta > 0$ such that for all $\xi \in X$ with $\|\xi\| < \delta$

(i) $\mathrm{D}F(x + \xi) = \mathrm{D}F(x) + \big(\mathrm{D}F(x + \xi) - \mathrm{D}F(x)\big) \in \Phi_1(X, Y)$,

(ii) $\dim\ker \mathrm{D}F(x + \xi) \leqq \dim\ker \mathrm{D}F(x)$.

Consequently, we have

$$0 \leqq \dim\operatorname{coker} \mathrm{D}F(x + \xi) = \dim\ker \mathrm{D}F(x + \xi) - 1 \leqq 0\,,$$

so that $\dim\ker \mathrm{D}F(x + \xi) = 1$. To see that $\mathrm{rge}\,\mathrm{D}F(x + \xi) = Y$, we use Theorem 3.1. There exists an $A_0 \in L(Y, X)$ with $\mathrm{rge}\,A_0 = X_0$ such that $\mathrm{D}F(x)\,A_0 = I$ on $Y = \mathrm{rge}\,\mathrm{D}F(x)$. Hence, with $T = \mathrm{D}F(x + \xi) - \mathrm{D}F(x)$, it follows that $\mathrm{D}F(x + \xi)\,A_0 = I + TA_0$ on Y. By choosing δ sufficiently small, we have

$$\|TA_0\| \leqq \|T\| \cdot \|A_0\| < 1 \quad \text{for} \quad \|\xi\| < \delta\,.$$

Consequently, $\mathrm{D}F(x + \xi)\,A_0 = I + TA_0$ is invertible, which means that $\mathrm{D}F(x + \xi)$ must be onto; that is, $\mathrm{rge} \times \mathrm{D}F(x + \xi) = Y$. Q.E.D.

Now let x^0 be a given point in $\mathcal{R}(F)$ and $z^0 \in X$ such that $\mathrm{D}F(x^0)\,z^0 = 0$, $\|z^0\| = 1$. Clearly, z^0 is unique up to a factor ± 1. Hence, $\ker \mathrm{D}F(x^0)$ is the one-dimensional subspace spanned by z^0, and in view of Theorem 3.1 we can write $X = X_0 \oplus \ker \mathrm{D}F(x^0)$. Let $A_0 \in L(Y, X)$ be such that $\mathrm{D}F(x^0)\,A_0 = I$ on Y. Choose an open interval E in $\mathbb{R}$ containing 0 and an open set S in Y for which $0 \in S$ and

$$\{x\colon x = x^0 + sz^0 + A_0y,\ s \in E,\ y \in S\} \subset U\,,$$

and define a mapping $H: E \times S \to Y$ by

$$H(s, y) = F(x^0 + sz^0 + A_0y)\,, \qquad \{s, y\} \in E \times S\,.$$

Clearly, H is continuously differentiable and $H(0, 0) = F(x^0)$. Moreover,

$$\mathrm{D}_yH(0, 0) = \mathrm{D}F(x^0)\,A_0 = I \quad \text{on } Y\,.$$

Therefore, by the Implicit Function Theorem [7], [11], there exists a unique continuous function $h\colon J \to Y$ defined on an open interval J in $\mathbb{R}$ containing $s = 0$ such that $h(0) = 0$ and

$$H(s, h(s)) = F(x^0 + sz^0 + A_0 h(s)) = F(x^0), \qquad s \in J.$$

In other words,

$$x = x(s) = x^0 + sz^0 + A_0 h(s), \qquad s \in J \tag{3.3}$$

is a unique solution segment for the problem

$$F(x(s)) = F(x^0), \qquad x(0) = x^0.$$

If x^0 happens to satisfy $F(x^0) = 0$, then (3.3) solves the original problem (3.1).

The Implicit Function Theorem also ensures that $h(s)$ is continuously differentiable which implies that the curve $x(s)$ given by (3.3) is itself continuously differentiable. We can even say more. Suppose that the function F is analytic. (For a discussion of analyticity in a Banach space setting, see [9]. Essentially, the ordinary notion of analyticity extends quite naturally to Banach spaces. In particular, vector-valued analytic functions have Taylor expansions at each point of analyticity.) Since the Implicit Function Theorem is valid in the case of analytic functions [11], $h(s)$ and hence $x(s)$ are analytic.

We summarize these results in the following theorem.

Theorem 3.4: *Let X and Y be Banach spaces and $F\colon U \subset X \to Y$ a continuously differentiable function on an open set $U \subset X$. Define $\mathcal{R}(F)$ as in (3.2) and assume that $\mathcal{R}(F) \neq \emptyset$. Then for any $x^0 \in \mathcal{R}(F)$ the equation*

$$F(x(s)) = F(x^0), \qquad x(0) = x^0$$

has a unique continuously differentiable solution segment $x(s)$ defined for s in an open interval containing $s = 0$. Moreover, if F is analytic, so is $x(s)$.

Theorem 3.4 is a local existence theorem; nevertheless, by further utilization of the properties of Fredholm operators, it can be generalized and extended. The point of this paper is not existence theory, however. Rather, our goal is to justify the effectiveness of the reduced-basis technique, and for that goal Theorem 3.4 is sufficient. A more extensive development of the existence theory for solution curves will be given elsewhere.

4. Existence of the reduced basis solution segment

As in the last section, we assume that X and Y are Banach spaces and $F\colon U \subset X \to Y$ a continuously differentiable function on an open set $U \subset X$. By theorem 3.4, for $x^0 \in \mathcal{R}(F)$, $F(x^0) = 0$, the problem

$$F(x) = 0, \qquad x(0) = x^0 \tag{4.1}$$

has a solution segment $x\colon J \subset \mathbb{R}^1 \to U$.

Let X_R be any finite-dimensional subspace of X which contains $\ker DF(x^0)$. Then with any subspace $X_R^0 \subset X_R$ such that $X_R = \ker DF(x^0) + X_R^0$, define the subspace $Y_R = DF(x^0)\, X_R^0$ of Y_0. Since Y_R is finite-dimensional, there exists a projection $P_R\colon Y \to Y_R$. With this we specify an admissible approximate problem by the equation

$$P_R F(x_R) = 0, \qquad x_R(0) = x^0, \qquad x_R \in x^0 + X_R. \tag{4.2}$$

Note that for any reduced basis we certainly have $\ker DF(x^0) \subset X_R$. Of course, in the case of Galerkin approximations, the choice of the projection P_R is specified by the approximation process itself. Obviously our assumptions are fairly general and include many other cases.

In order to analyze the approximate problem (4.2), we proceed as in the proof of Theorem 3.4. Let $A_0 \in L(Y, X)$ be such that $DF(x^0)\, A_0 = I$ on Y, and choose an open interval E in $\mathbb{R}$ containing 0 and an open set S in Y for which $0 \in S$ and

$$\{x \in X;\, x = x^0 + sx^1 + A_0 y,\ s \in E,\ y \in S\} \subset U,$$

where x^1 is any given vector that spans $\ker DF(x^0)$. We define a mapping $H_R\colon E \times (S \cap Y_R) \to Y_R$ by

$$H_R(s, y_R) = P_R F(x^0 + sx^1 + A_0 y_R), \qquad \{s, y_R\} \in E \times (S \cap Y_R).$$

Then H_R is continuously differentiable, $H_R(0, 0) = 0$, and

$$D_y H_R(0, 0) = P_R\, DF(x^0)\, A_0 = P_R I,$$

where evidently $P_R I$ is the identity on Y_R. Therefore, by the Implicit Function Theorem, there exists a unique continuous function $h_R\colon J_R \to Y_R$ defined on an open interval J_R in $\mathbb{R}$ containing $s = 0$ such that $h_R(0) = 0$ and

$$H_R(s, h_R(s)) = P_R F(x^0 + sx^1 + A_0 h_R(s)) = 0, \qquad s \in J_R.$$

Hence, $x_R(s) = x^0 + sx^1 + A_0 h_R(s)$, $s \in J_R$, is a unique solution segment for the approximate problem (4.2).

We thus have the following theorem.

Theorem 4.1: *Let X and Y be Banach spaces and $F\colon U \subset X \to Y$ a continuously differentiable function on an open set $U \subset X$. Define $\mathcal{R}(F)$ as in (3.2) and assume that $\mathcal{R}(F) \neq \emptyset$. Then for any $x^0 \in \mathcal{R}(F)$ for which $F(x^0) = 0$ both the exact problem (4.1) and the admissible approximate problem (4.2) have unique continuously differentiable solution segments $x(s)$ and $x_R(s)$, respectively, defined for s in an open interval containing $s = 0$. Moreover, if F is analytic, so are $x(s)$ and $x_R(s)$.*

5. Estimation of the reduced basis errors

Now we are ready to estimate the difference between the exact solution segment $x(s)$ of (4.1) and a reduced basis approximate solution segment $x_R(s)$ of (4.2). For this, we have to place some restrictive assumptions on the function F because, as noted earlier, no satisfactory error estimates appear to be available in the general setting of Sections 3 and 4.

A number of spezializations are possible. Our choice is to use the estimates developed in [5], and so we assume that V is a Hilbert space, G is a mapping from $\mathbb{R} \times V$ to V, K is a compact linear operator from V to V, and F has the form

$$F(x) = F(\lambda, u) = u + KG(\lambda, u), \qquad x = \{\lambda, u\} \in \mathbb{R} \times V. \tag{5.1}$$

Thus, F is a mapping from $\mathbb{R} \times V$, and, since

$$DF(\lambda, u)\{\mu, v\} = K\, D_\lambda G(\lambda, u)\, \mu + [I + K\, D_u G(\lambda, u)]\, v, \qquad \{\mu, v\} \in \mathbb{R} \times V,$$

and $I + KD_uG(\lambda, u)\colon V \to V$ is a Fredholm operator of index zero, it follows that F has a nonempty regularity set $\mathcal{R}(F)$. Concequently, Theorem 3.4 applies in this situation.

The model problem (2.1) can be cast in terms of such a function F by considering the weak formulation (2.2). For the strongly elliptic bilinear form

$$a(u, v) = \int\limits_{\Omega} \sum_{i,j=1}^{n} a_{ij}(t) \frac{\partial u}{\partial t_j} \frac{\partial v}{\partial t_i}\, dt, \qquad u, v \in V = H_0^1(\Omega),$$

let $K\colon V \to V$ be the compact linear operator defined by

$$a(Ku, v) = (u, v)_0,$$

where

$$(u, v)_0 = \int\limits_{\Omega} uv\, dt.$$

The weak formulation (2.2) then becomes

$$a(u, v) + a\big(Kb(\lambda, \cdot, u), v\big) = 0 \quad \text{for all} \quad v \in V,$$

or equivalently

$$F(\lambda, u) \equiv u + Kb(\lambda, \cdot, u) = 0.$$

Evidently, Theorem 3.4 may be applied in this case to ensure the existence of a solution segment $x(s) = \{\lambda(s), u(s)\}$, and, moreover, if the function F of (4.1) is analytic, then also the solution segment is analytic. Let $x^0 = \{\lambda^0, u^0\}$ be a point on the curve and let V_R be the finite-dimensional subspace of V spanned by $u^1, \ldots, u^m$, the u-components of the local coordinate vectors $x^h = \{\lambda^h, u^h\}$ used in the reduced basis technique. If $P_R\colon V \to V_R$ is a projection of V onto V_R, then an admissible reduced basis approximate problem for

$$F\big(\lambda(s), u(s)\big) = u(s) + KG\big(\lambda(s), u(s)\big) = 0, \qquad \{\lambda(0), u(0)\} = \{\lambda^0, u^0\}, \tag{5.2}$$

takes the form

$$F_R\big(\lambda_R(s), u_R(s)\big) \equiv u_R(s) + P_R KG\big(\lambda_R(s), u_R(s)\big) = 0, \qquad \{\lambda_R(0), u_R(0)\} = \{\lambda^0, u^0\}, \tag{5.3}$$
$$\{\lambda_R(s), u_R(s)\} \in \{\lambda^0, u^0\} + \mathbb{R} \times V_R.$$

The estimates of [5] have to distinguish among various types of points on the solution curve, and, in particular, separate out the treatment of limit points and bifurcation points. For bifurcation points this is not surprising, but limit points cause difficulties only when λ is used in the parametrization of the curve. In fact, the formulation of Sections 3 and 4 does not give limit points a special status and we hope to provide shortly some unified error estimates based on that general setting. For this discussion, however, suppose that $x^0 \in \mathcal{R}(F)$ is a point where $D_uF(x^0)$ has a bounded inverse and hence λ may be used as the local parameter. Such points shall be called *non-singular*. Under this additional assumption, the following result is proved in [5].

Theorem 5.1: *Let $G\colon \mathbb{R} \times V \to V$ be continuously differentiable and assume that DG is bounded on bounded subsets of $\mathbb{R} \times V$. Let $\{\lambda^0, u^0\}$ be a nonsingular point on the solution segment $\{\lambda, u(\lambda)\}$ of (5.2) and let $\{\lambda, u_R(\lambda)\}$ be the reduced basis approximate solution segment of (5.3). For each $m = 1, 2, \ldots$ let V_R and P_R be as defined above and suppose that*

$$\lim_{m\to\infty} \|(v - u^0) - P_R(v - u^0)\| = 0 \quad \textit{for all} \quad v \in V.$$

Then for sufficiently large m there exists a constant C, independent of m and λ, such that

$$\|u(\lambda) - u_R(\lambda)\| \leq C \inf_{v_R \in u^0 + V_R} \|u(\lambda) - v_R\|. \tag{5.4}$$

If $x(\lambda) = \{\lambda, u(\lambda)\}$ is analytic, then it has a Taylor series expansion

$$x(\lambda) = \sum_{k=0}^{\infty} \frac{x^{(k)}(\lambda^0)}{k!} (\lambda - \lambda^0)^k = x(\lambda^0) + \sum_{k=1}^{m} \frac{x^{(k)}(\lambda^0)}{k!} (\lambda - \lambda^0)^k + \sum_{k=m+1}^{\infty} \frac{x^{(k)}(\lambda^0)}{k!} (\lambda - \lambda^0)^k =$$
$$= x^0 + \sum_{k=1}^{m} \frac{x^k}{k!} (\lambda - \lambda^0)^k + (\lambda - \lambda^0)^{m+1} \cdot z(\lambda),$$

where the x^k are the reduced basis coordinate vectors and $z(\lambda)$ is analytic in a neighborhood of λ^0. The u-component of this expansion is

$$u(\lambda) = u^0 + \sum_{k=1}^{m} \frac{u^k}{k!} (\lambda - \lambda^0)^k + (\lambda - \lambda^0)^{m+1} \cdot w(\lambda) . \tag{5.5}$$

Therefore, since

$$u^0 + \sum_{k=1}^{m} \frac{u^k}{k!} (\lambda - \lambda^0)^k \in u^0 + V_R ,$$

substituting this vector for v_R in (5.4), we obtain

$$||u(\lambda) - u_R(\lambda)|| \leqq C \left\| u(\lambda) - u^0 - \sum_{k=1}^{m} \frac{u^k}{k!} (\lambda - \lambda^0)^k \right\| = C|\lambda - \lambda^0|^{m+1} \cdot ||w(\lambda)|| \leqq C|\lambda - \lambda^0|^{m+1} \tag{5.6}$$

or all λ in a neighborhood of λ^0.

This result shows that under the stated assumptions the error of the reduced basis approximation depends essentially on the number of vectors in the basis. In particular, in connection with Figure 2 we see that the error incurred in approximating $x(s)$ locally near x^0 by $x_R(s)$ is of the same order as that incurred in approximating $x_h(s)$ locally near x_h^0 by $x_{hR}(s)$ provided the same size basis is used. The total error between $x(s)$ and $x_{hR}(s)$ may be estimated by the sum of the Galerkin-approximation error $||x(s) - x_h(s)||$ and the reduced basis error $||x_h(s) - x_{hR}(s)||$. By Theorem 5.1, the first of these errors is of the order of the approximation error $\inf \{||u(\lambda) - u_h|| : u_h \in V_h\}$, whereas the second one is given by (5.6). Thus, the total error between $x(s)$ and $x_{hR}(s)$ consists of the usual $O(h^r)$ term, representing the order r of the finite element approximation, and an $O(|\lambda - \lambda^0|^{m+1})$ term, where m is the number of vectors in the reduced basis. By choosing m sufficiently large, one can move a substantial distance along the reduced basis curve before the reduced basis portion of the error approaches the magnitude of the finite element approximation error. In practice, this means that the same reduced basis suffices for the calculation of large segments of the reduced basis curve, thereby necessitating only occasional reevaluations of the reduced basis vectors.

This result certainly supports the use of the reduced basis technique. The assumptions made here may be reduced in various ways. In particular, in place of analyticity we need only sufficient differentiability and the availability of a decomposition (5.5) with bounded $w(\lambda)$. On the other hand, analyticity was guaranteed in all the cited numerical examples since there the method was applied to approximate problems (2.4) which are polynomial in the variables. Obviously, the technique should fail in cases of insufficient smoothness.

From a numerical viewpoint the success of the technique depends on the ease of the computation of the reduced basis vectors, the resulting reduction of the systems of equations that have to be solved, and the frequency with which a new reduced basis has to be calculated. The benchmark cases given in [1] all indicate reductions in the overall solution times by a factor between 2.5 and 5.0 when the reduced basis technique is applied. The size of the reduced systems in all cited articles was at most of the order of ten, whereas the corresponding approximate problems had between 500 and 7,000 degrees of freedom. In all cases, only relatively infrequent reevaluations of the reduced bases were required. All in all, these results certainly indicate the numerical value of the approach at least for the class of structural problems considered there. The relative generality of the error estimates suggests that the technique should work well also in many other applications.

This work was supported in part by the US-Air Force Office of Scientific Research under Grant 80-0176 and the National Science Foundation under Grant MCS-78-05299.

References

1 ALMROTH, B. O.; STEHLIN, P.; BROGAN, F. A., Use of global functions for improvement in efficiency of nonlinear analysis, AIAA, National Conference, 1981, Paper No. 81—0575, 286—292.

2 ALMROTH, B. O.; STERN, P.; BROGAN, F. A., Automatic choice of global shape functions in structural analysis, AIAA J. **16** (1978), 525—528.

3 BERGER, M. S., Nonlinearity and Functional Analysis, Academic Press, New York 1977.

4 BORISOVICH, YU. G.; ZVYAGIN, V. G.; SAPRONOV, YU. I., Non-linear Fredholm maps and the Leray-Schauder theory, Russian Math. Surveys **32:4** (1977), 1—54.

5 BREZZI, F.; RAPPAZ, J.; RAVIART, P. A., Finite dimensional approximation of nonlinear problems. Part I: Branches of nonsingular solutions, Numer. Math. **36** (1980), 1—25; Part II: Limit points, Numer. Math. **37** (1981), 1—28; Part III: Simple bifurcation points, Numer. Math. **38** (1981), 1—30.

6 CIARLET, P. G.; SCHULTZ, M. H.; VARGA, R. S., Numerical methods of high-order accuracy for nonlinear boundary value problems. Part I: One dimensional problem, Numer. Math. **9** (1967), 394—430; Part II: Nonlinear boundary conditions, Numer. Math. **11** (1968), 331—345; Part III: Eigenvalue problems, Numer. Math. **12** (1968), 120—133; Part IV: Periodic boundary conditions, Numer. Math. **12** (1968), 266—279; Part V: Monotone operator theory, Numer. Math. **13** (1969), 51—77.

7 DIEUDONNÉ, J., Foundations of Modern Analysis, Academic Press, New York 1969.

8 FRIEDMAN, A., Partial Differential Equations, Hold, Rinehart, and Winston, New York 1969.

9 HILLE, E.; PHILLIPS, R. S., Functional Analysis and Semi-Groups, Amer. Math. Soc. Colloquium Publ., Vol. XXXI, Providence, Rhode Island 1957.

10 NAGY, D. A., Model representation of geometrically nonlinear behavior by the finite element method, Computers and Structures **10** (1977), 683—688.

11 NIRENBERG, L., Topics in Nonlinear Functional Analysis, Courant Institute of Mathematical Sciences, New York 1974.

12 NOOR, A. K., Recent advances in reduction methods for nonlinear problems, Computers and Structures **13** (1981), 31—44.

13 NOOR, A. K.; ANDERSEN, C. M.; PETERS, G. M., Reduced basis technique for collapse analysis of shells, AIAA J. **19** (1981), 393—397.

14 Noor, A. K.; Peters, G. M., Reduced basis technique for nonlinear analysis of structures, AIAA J. 18 (1980), 455–462.
15 Rheinboldt, W. C.; Riks, E., A survey of solution techniques for nonlinear finite element equations, Univ. of Pittsburgh, Inst. f. Comp. Math. and Applications, Techn. Report ICMA-82-35, March 1982.
16 Schechter, M., Principles of Functional Analysis, Academic Press, New York 1971.

Eingereicht: 20. 4. 1982

Anschrift: Professor Dr. James P. Fink; Professor Dr. Werner C. Rheinboldt, Department of Mathematics and Statistics, University of Pittsburgh, Pittsburgh, PA 15261, U.S.A.

ZAMM 63, 29–36 (1983)

S. Dietze

On Control-Approximation Problems in Hilbert Spaces and Related Dual Problems: Subdifferentiability Properties and Estimates

Dedicated to the memory of the 100th birthday of Friedrich Adolf Willers

In der Arbeit werden abstrakte Steuer-Approximationsprobleme in Hilbert-Räumen, zugehörige duale Aufgaben und äquivalente Aufgaben, welche aus Optimalitätsbedingungen resultieren, betrachtet. Es werden die Beziehungen zwischen diesen Aufgaben angegeben und verschiedene Eigenschaften der Aufgaben untersucht, vorrangig Eigenschaften, welche die Subdifferenzierbarkeit der Zielfunktionen betreffen. Außerdem werden Abschätzungen für die Lösungen und die optimalen Zielfunktionswerte hergeleitet. Die Arbeit hat Bedeutung vor allem für die Lösung von Steuer-Approximationsproblemen mit Hilfe dualer Aufgaben, und zwar direkt oder im Zusammenhang mit Regularisierungsverfahren.

In this paper we consider abstract control-approximation problems in Hilbert spaces, related dual problems and equivalent problems which arise from optimality conditions. We give the connections between these problems and study several properties of them, particularly properties concerning the subdifferentiability of the cost functionals. Furthermore, we derive estimates for the solutions and the optimal functional values. The results of this paper are above all useful for solving the control-approximation problems, by the aid of the dual problems, directly or in connection with regularization methods.

В работе рассматриваются задачи типа управления-аппроксимации в гильбертовых пространствах, соответствуюши двойственные задачи и эквивалентные задачи, которые результируют из условий экстремума. Указываются связи между этими задачами и исследуются некоторые свойства задач, в особенности, свойства, которые касаются субдифференцируемости целевых функций. Далее выводятся оценки для решений и для оптимальных значений целевых функций. Результаты работы имеют значение особенно для решения задач типа управления-аппроксимации с помощью двойственных задач, либо непосредственно либо в связи с методами регуляризации.

1. Introduction

In this paper U, X are real Hilbert spaces with the scalar products $\langle\cdot,\cdot\rangle_U$, $\langle\cdot,\cdot\rangle_X$ and norms $\|\cdot\|_U$, $\|\cdot\|_X$, respectively; Ω is a nonempty closed bounded convex subset of U, S a continuous linear operator defined on U with values in X, i.e., $S \in L(U, X)$, $\hat{x}$ is a fixed element of X and $\hat{u}$ of U, respectively, c is a positive real number.

The indices U, X at the scalar products and norms are omitted if misunderstandings are not to be expected. The projection from $u \in U$ to Ω, i.e., the unique solution of the problem

$$\min \{\|v - u\|_U : v \in \Omega\}\,, \tag{1}$$

is denoted by proj $(u \mid \Omega)$. Let $I_\Omega \mid U \to \overline{R}^1$ be the indicator function of Ω, i.e., we have $I_\Omega(u) = 0$ for $u \in \Omega$ and $I_\Omega(u) = +\infty$ for $u \notin \Omega$. Then the conjugate function I_Ω^* of I_Ω is given by

$$I_\Omega^* \mid U \to R^1\,, \qquad I_\Omega^*(u^*) = \max \{\langle u^*, u\rangle_U : u \in \Omega\}\,. \tag{2}$$

In the present paper the standard terminology and several statements of convex analysis are used. Here we generally refer to [11], [1], [12], [13], [24]. The Appendix contains, for the reader's convenience, special statements on the projection operator and strongly convex functions with values in $\overline{R}^1$.

Control-approximation problems: In this paper we consider the *abstract control-approximation* problem

$$\delta_1(u) := \tfrac{1}{2}\,\|Su - \hat{x}\|_X^2 \to \min_{u\in\Omega} \tag{3}$$

and the so-called *regularized control-approximation* problem

$$\delta_2(u) := \frac{1}{2}\,\|Su - \hat{x}\|_X^2 + \frac{c}{2}\,\|u - \hat{u}\|_U^2 \to \min_{u\in\Omega}\,. \tag{4}$$

These problems include many concrete optimal control problems with linear state equations (see, for instance, [15] and [16]). Problem (4) is above all essential for solving (3) with regularization methods.

Dual problems: The problem

$$F_1(x^*) := \tfrac{1}{2}\,\|x^*\|_X^2 - \langle x^*, \hat{x}\rangle_X + I_\Omega^*(S^*x^*) \to \min_{x^*\in X} \tag{5}$$

is dual to (3) (see Proposition 1). Further, the problem

$$F_2(x^*) := \tfrac{1}{2}\,\|x^*\|_X^2 - \langle x^*, \hat{x}\rangle_X + g^*(S^*x^*) \to \min_{x^*\in X} \tag{6}$$

is dual to (4) (see Proposition 2), where g^* denotes the conjugate function of $g \mid U \to \overline{R}^1$, $g(u) = \frac{c}{2} \|u - \hat{u}\|_U^2 + I_\Omega(u)$. A simple calculation gives

$$g^*(u^*) = \sup \{\langle u^*, u\rangle_U - \frac{c}{2} \|u - \hat{u}\|_U^2 : u \in \Omega\} =$$

$$= \frac{1}{2c} \|u^*\|_U^2 + \langle u^*, \hat{u}\rangle_U - \frac{c}{2} \inf \left\{ \left\| u - \left(\frac{1}{c} u^* + \hat{u}\right)\right\|_U^2 : u \in \Omega \right\} =$$

$$= \left\langle u^*, \operatorname{proj}\left(\frac{1}{c} u^* + \hat{u} \mid \Omega\right)\right\rangle_U - \frac{c}{2} \left\| \operatorname{proj}\left(\frac{1}{c} u^* + \hat{u} \mid \Omega\right) - \hat{u}\right\|_U^2$$

for $u^* \in U$.

Problems which arise from optimality conditions: Applying well-known optimality conditions for convex optimization problems to (3), (4), (5), (6), respectively, we will obtain in this paper the respective equivalent equations

$$u = \operatorname{proj}\left(u - t\delta_1'(u) \mid \Omega\right) = \operatorname{proj}\left(u - tS^*(Su - \hat{x}) \mid \Omega\right) =: g_t^1(u) \tag{7}$$

for $u \in U$ ($t > 0$ fixed);

$$u = \operatorname{proj}\left(u - t\delta_2'(u) \mid \Omega\right) = \operatorname{proj}\left(u - tS^*(Su - \hat{x}) - tc(u - \hat{u}) \mid \Omega\right) =: g_t^2(u) \tag{8}$$

for $u \in U$ ($t > 0$ fixed);

$$0 \in f^1(x^*) \tag{9}$$

for $x^* \in X$ with the point-to-set operator $f^1 \mid X \to \mathfrak{P}(X)$,

$f^1(x^*) := \{x^* - \hat{x} + S\bar{u}(x^*) : \bar{u}(x^*)$ solves the optimization problem for $I_\Omega^*(S^*x^*)$(see (2))};

$$f^2(x^*) := x^* - \hat{x} + S \operatorname{proj}\left(\frac{1}{c} S^*x^* + \hat{u} \mid \Omega\right) = 0 \tag{10}$$

for $x^* \in X$. In (7) and (8) the number $t > 0$ can be chosen arbitrarily, but fixed.

These are the problems to be considered in this paper. The following diagram contains all these problems. The lines indicate the connections between the problems.

PROBLEMS IN THE SPACE U		PROBLEMS IN THE SPACE X	
equation (7)		generalized equation (9)	(11)
problem (3)	—	dual problem (5) to (3)	
regularized problem (4)	—	dual problem (6) to (4)	(12)
equation (8)		equation (10)	

In part 2 and 3, resp., we will study the problems and connections in (11) and (12), resp. In part 4 we give estimates for all problems. The duality statements for (3), (5) and (4), (6), resp., are well-known and are only reported in this paper (see [19], [17], [2], [8]). The main results of this paper are contained in Theorems 1, 2 and 3. Some statements of these theorems are known. For a concrete and the general problem (3) with U and Ω according to (13), resp., results concerning the differentiability and subdifferentiability of the function F_1, resp., are contained in [7], [9], resp. The Fréchet derivative $F_2' = f^2$ in the case of the abstract problem (4) has been calculated in [2]. In this connection, we also refer to [20]. Further, the estimates derived in this paper are partly known (for related papers see [3], [5], [4]). However, it seems that some estimates surpass known statements. In view of the discussion connected with Theorem 3 however, the estimates should not be overestimated.

Remark 1: The calculation of a function value $F_1(x^*)$, $F_2(x^*)$, $g_t^1(u)$, $g_t^2(u)$, $f^1(x^*)$, $f^2(x^*)$ in (5), ..., (10) requires the solution of an optimization problem (1), (2), resp. The same subproblems (1), (2) appear if we solve the control-approximation problems (3), (4) directly by applying the conditional-gradient method or the projected-gradient method [6]. Therefore, such cases are favourable where the problems (1), (2) can be solved explicitly. We give three important special cases with this property:

a) $\Omega = \{u \in U : \|u\|_U \leqq 1\}$;

b) $U = R^r$, $\Omega = \{u \in U : |u_i| \leqq 1$ for all $i = 1, \dots, r\}$;

c) $U = L_2^r[t_0, t_1]$,
$\Omega = \{u \in U : |u_i(t)| \leqq 1$ for almost every $t \in [t_0, t_1]$ and for all $i = 1, \dots, r\}$. (13)

The control-approximation problems (3) and (4) can be solved directly by solving the dual problems or the problems which arise from optimality conditions, or by solving other related problems. (For problems related to (3) and not considered in this paper, see, for instance, [8].) Furthermore, the problem (3) can be solved with regularization methods where the problem (3) is approximated by a sequence of regularized problems (4) with suitable parameters c, $\hat{u}$. It depends on the concrete problems (3), (4) which variant is favourable.

Here we can discuss some general aspects only. Calculation in the dual enables one to estimate the accuracy of the related primal quantities (see Theorem 3) and may give a reduction of the storage demand and computational time. If the problem (3) is not uniquely solvable, the gradient methods for solving (3) directly converge in general very slowly. The dual problem (5) is uniquely solvable (see Proposition 1) but has the disadvantage that the cost functional F_1 is in general not differentiable. Of course, we can apply subgradient methods. But, it is well-known that these methods often converge very slowly, too. If we want to solve (3) by solving the dual problem (5), another disadvantage is that the calculation of a solution for (3) from the known solution for (5) can be difficult. For the regularized problem (4) the situation is better: the problem (4) is uniquely solvable, the cost functional F_2 is differentiable, and we have a simple connection between the solutions for (4), (6) (see Proposition 2). If the problem (3) is not uniquely solvable, then for solving (3) regularization methods are useful. In [10] primal-dual realizations of a PROX-algorithm [22] and a regularization method of TICHONOV for solving (3) are given by the aid of the estimates concerning (12). However, the applying of regularization methods is also connected with numerical difficulties which arise from the choice of the regularization parameter c.

Let us remark that the statements of this paper are contained in [10].

The author would like to thank Dr. W. SCHIROTZEK, Technische Universität Dresden, for some very helpful discussions.

2. Results concerning (11)

Obviously, the problem (3) is solvable. But, the uniqueness can be ensured with additional assumptions only. For instance, the problem (3) with U and Ω according to (13) is uniquely solvable if

$$\text{mes}\,\{t \in [t_0, t_1]: (S^*x)_i\,(t) = 0\} = 0 \quad \text{for all} \quad x \in X\,, \qquad x \neq 0\,, \qquad i = 1, \ldots, r\,, \tag{14a}$$

and

$$\min\,\{\delta_1(u): u \in \Omega\} > 0 \tag{14b}$$

(see [8]).

The following Proposition 1 contains statements on the connections between the problems in (11).

Proposition 1:

a) $\bar{u}$ *is solution of* (3) $\Leftrightarrow$ $\bar{u}$ *is solution of* (7).

b) *Problem* (5) *is uniquely solvable. We have*

$$\min\,\{\delta_1(u): u \in \Omega\} = \max\,\{F_1(x^*): x^* \in X\}\,.$$

Further the following statements b1) *and* b2) *are equivalent*:

b1) $\bar{u}$ *is solution of* (3), $\bar{x}^*$ *is solution of* (5).

b2) $\bar{u}$ *is solution of the optimization problem for* $I_\Omega^*(S^*\bar{x}^*)$ (*see* (2)) *and one has* $\bar{x}^* - \hat{x} + S\bar{u} = 0$.

c) $\bar{x}^*$ *is solution of* (5) $\Leftrightarrow$ $\bar{x}^*$ *is solution of* (9).

Proof:

a) The statement may be proved by applying a well-known optimality condition for convex optimization problems (compare with [24: proof of Theorem 44.4]).

b) Part b) may be proved with the Fenchel-Rockafellar duality theorem (see [19] or [8: Theorem 3.1]). The uniqueness of the solution of (5) follows, for instance, from the strong convexity of F_1 (see Theorem 1).

c) The statement follows from the equivalence "b1) $\Leftrightarrow$ b2)". The proposition can also be verified via part b) of Theorem 1 ((9) is optimality condition for problem (5)).

Now we are going to study several properties of the problems in (11), particularly subdifferentiability properties of the functions F_1 and $\delta_1 + I_\Omega$.

Theorem 1:

a) *The function* $g_t^1 \mid U \to U$ *of the problem* (7) *is Lipschitz continuous.*

b) *The cost functional* $F_1 \mid X \to R^1$ *of the dual problem* (5) *is continuous and strongly convex with constant* 1. (For the definition of strong convexity, see Appendix.) *For the subdifferential* ∂F_1, *one has*

$$\partial F_1(x^*) = f^1(x^*) \quad \text{for all} \quad x^* \in X\,, \tag{15}$$

where f^1 *is the point-to-set mapping of the problem* (9). *The subdifferential* $\partial F_1 \mid X \to \mathfrak{P}(X)$ *is maximal* (*cyclically*) *monotone* (*see, for instance*, [1: *p.* 96–98, Theorems 2.1 and 2.2]), *strongly monotone* (see Proposition 4) *and demicontinuous, i.e., upper semicontinuous as a multivalued mapping from* X *in the norm topology to* X *in the weak topology* (see, for instance, [13: p. 33, Lemma 2.12]).

c) *Let* $x^* \in X$ *be chosen arbitrarily but fixed and let* $\bar{u}(x^*)$ *be a solution of the optimization problem for* $I_\Omega^*(S^*x^*)$ (see (2)). *Then one has*

$$\delta_1(\bar{u}(x^*)) + F_1(x^*) = \tfrac{1}{2}\,\|x^* - \hat{x} + S\bar{u}(x^*)\|_X^2 \tag{16}$$

and

$$S^*(x^* - \hat{x} + S\bar{u}(x^*)) \in \partial(\delta_1 + I_\Omega)\,(\bar{u}(x^*))\,. \tag{17}$$

Remark 2: The function F_1 concerning problem (3) with (13) and (14a) is even differentiable in the sense of Fréchet for all $x^* \in X$, $x^* \neq 0$ and the derivative is continuous in the norm topology (see [9: Satz 2.11]).

Proof of Theorem 1:

a) Notice that the projection operator is nonexpansive (see Proposition 3).

b) For the continuity of F_1, we note that the function $I_\Omega^* \mid U \to R^1$ is continuous. The continuity of I_Ω^* follows from the convexity (I_Ω^* is convex as a conjugate function) and the existence of a ball on which I_Ω^* is bounded from above. For the strong convexity of F_1, the strong convexity of $x^* \mapsto \frac{1}{2} \|x^*\|_X^2$ is essential. Now it is still to be shown that $\partial F_1 = f^1$. Due to [21: Satz 1.6] or [12: § 4.2, Satz 3] one has

$$\partial I_\Omega^*(u^*) = \{\tilde{u}(u^*) : \tilde{u}(u^*) \text{ is solution of the optimization problem (2) for } I_\Omega^*(u^*)\}. \tag{18}$$

This and well-known rules for the calculation of subdifferentials (see, for instance, [12: § 4.2]) yield

$$\partial F_1(x^*) = \partial(\tfrac{1}{2} \|x^*\|_X^2 - \langle x^*, \hat{x}\rangle_X) + \partial(I_\Omega^* S^*)(x^*) = x^* - \hat{x} + S\, \partial I_\Omega^*(S^*x^*) = f^1(x^*).$$

c) One has

$$I_\Omega^*(S^*x^*) = \max\{\langle S^*x^*, u\rangle_U : u \in \Omega\} = \langle S^*x^*, \bar{u}(x^*)\rangle_U = \langle x^*, S\bar{u}(x^*)\rangle_X$$

and hence,

$$\begin{aligned}\delta_1(\bar{u}(x^*)) + F_1(x^*) &= \tfrac{1}{2} \|S\bar{u}(x^*) - \hat{x}\|_X^2 + \langle S\bar{u}(x^*) - \hat{x}, x^*\rangle_X + \tfrac{1}{2} \|x^*\|_X^2 = \\ &= \tfrac{1}{2} \|(S\bar{u}(x^*) - \hat{x}) + x^*\|_X^2,\end{aligned}$$

i.e., (16). Further, $\bar{u}(x^*) \in \partial I_\Omega^*(S^*x^*)$ holds because of (18). It is a well-known fact that from this

$$S^*x^* \in \partial I_\Omega(\bar{u}(x^*)) \tag{19}$$

can be deduced (see, for instance, [1: p. 91, Proposition 2.1]). This conclusion is correct if the indicator function I_Ω is proper, convex and lower semicontinuous, which is ensured by the properties of Ω. By the aid of (19), we obtain

$$\begin{aligned}S^*(x^* - \hat{x} + S\bar{u}(x^*)) &= \delta_1'(\bar{u}(x^*)) + S^*x^* \in \{\delta_1'(\bar{u}(x^*)) + u^* : u^* \in \partial I_\Omega(\bar{u}(x^*))\} = \\ &= \partial(\delta_1 + I_\Omega)(\bar{u}(x^*)).\end{aligned}$$

Thus (17) also holds.

3. Results concerning (12)

This part is organized analogously to part 2 where the problems in (11) have been investigated.

Obviously, the cost function δ_2 of (4) is strongly convex with the constant c and problem (4) is uniquely solvable.

The following proposition which contains statements on the connections between the problems in (12) may be proved analogously to Proposition 1.

Proposition 2:

a) $\bar{\bar{u}}$ *is solution of* (4) $\Leftrightarrow$ $\bar{\bar{u}}$ *is solution of* (8).

b) *Problem* (6) *is uniquely solvable. We have*

$$\min\{\delta_2(u) : u \in \Omega\} = \max\{-F_2(x^*) : x^* \in X\}.$$

Further, the following statements b1) *and* b2) *are equivalent:*

b1) $\bar{\bar{u}}$ *is solution of* (4), $\bar{\bar{x}}^*$ *is solution of* (6).

b2) *For* $\bar{\bar{u}} \in U$, $\bar{\bar{x}}^* \in X$ *one has*

$$\bar{\bar{u}} = \operatorname{proj}\left(\frac{1}{c} S^*\bar{\bar{x}}^* + \hat{u} \,/\, \Omega\right), \qquad \bar{\bar{x}}^* - \hat{x} + S\bar{\bar{u}} = 0.$$

c) $\bar{\bar{x}}^*$ *is solution of* (6) $\Leftrightarrow$ $\bar{\bar{x}}^*$ *is solution of* (10).

Theorem 2 gives several properties of the problems in (12), particularly (sub)differentiability properties of the functions F_2 and $\delta_2 + I_\Omega$.

Theorem 2:

a) *The derivative δ_2' is Lipschitz continuous with the constant* $a := \|cI + S^*S\|_{L(U,U)} > 0$ ($I \mid U \to U$ *identity operator*). *Further, δ_2' is strongly monotone with the constant c* (see Proposition 4), *i.e., one has*

$$\langle \delta_2'(u) - \delta_2'(v), u - v\rangle_U \geqq c\,\|u - v\|_U^2 \quad \textit{for all} \quad u, v \in U.$$

Now in (8) *let* $0 < t < 2c/a^2$ *be chosen. Then the function* $g_t^2 \mid U \to U$ *is contractive, one has*

$$\|g_t^2(u) - g_t^2(v)\|_U \leqq k(t)\,\|u - v\|_U \quad \textit{for all} \quad u, v \in U$$

with $0 \leqq k(t) = (1 - 2tc + t^2a^2)^{1/2} < 1$. (*The contractivity constant $k(t)$ is minimal for* $t = c/a^2$.)

b) *The cost function* $F_2 \mid X \to R^1$ *of the dual problem* (6) *is strongly convex with constant* 1 *and differentiable in the sense of Fréchet. For the derivative F_2' one has*

$$F_2'(x^*) = f^2(x^*) \quad \textit{for all} \quad x^* \in X \tag{20}$$

with f^2 according to (10). *The function $f^2 \mid X \to X$ is maximal* (*cyclically*) *monotone, strongly monotone and Lipschitz continuous.*

c) *Let $x^* \in X$ be arbitrarily chosen but fixed. Then one has*

$$\delta_2\left(\operatorname{proj}\left(\frac{1}{c} S^*x^* + \hat{u} \mid \Omega\right)\right) + F_2(x^*) = \frac{1}{2}\|f^2(x^*)\|_X^2 \tag{21}$$

and

$$S^*f^2(x^*) \in \partial(\delta_2 + I_\Omega)\left(\operatorname{proj}\left(\frac{1}{c} S^*x^* + \hat{u} \mid \Omega\right)\right). \tag{22}$$

Proof:

a) For the contractivity of g_t^2, see [24: Theorem 44.4].

b) The strong convexity of $x^* \mapsto \frac{1}{2}\|x^*\|_X^2$ and the convexity of the remaining terms of F_2 ensure the strong convexity of F_2 (g^* is convex as a conjugate function). Now we prove (20) in analogy to [2: proof of Satz 5]. Because of Proposition 3, the function

$$f(v) = \min\{\tfrac{1}{2}\|u - v\|_U^2 : u \in \Omega\}, \qquad v \in U,$$

has the Fréchet derivative

$$f'(v) = v - \operatorname{proj}(v \mid \Omega).$$

This and the chain rule give

$$F_2'(x^*) = x^* - \hat{x} + (g^*S^*)'(x^*) = x^* - \hat{x} + Sg^{*\prime}(S^*x^*) =$$
$$= x^* - \hat{x} + S\left[\frac{1}{c} S^*x^* + \hat{u} - \left(\frac{1}{c} S^*x^* + \hat{u} - \operatorname{proj}\left(\frac{1}{c} S^*x^* + \hat{u} \mid \Omega\right)\right)\right] = f^2(x^*).$$

Let us mention that (20) may be proved also by the aid of [20: Theorem 2.1] or [12: § 4.2, Satz 3]. For the monotonicity properties of f^2, compare with Theorem 1, part b. The Lipschitz continuity follows from the nonexpansivity of the projection operator.

c) With $\tilde{u} := \operatorname{proj}\left(\frac{1}{c} S^*x^* + \hat{u} \mid \Omega\right)$ one has

$$\delta_2(\tilde{u}) + F_2(x^*) =$$
$$= \left(\frac{1}{2}\|S\tilde{u} - \hat{x}\|_X^2 + \frac{c}{2}\|\tilde{u} - \hat{u}\|_U^2\right) + \left(\frac{1}{2}\|x^*\|_X^2 - \langle x^*, \hat{x}\rangle_X + \langle S^*x^*, \tilde{u}\rangle_U - \frac{c}{2}\|\tilde{u} - \hat{u}\|_U^2\right) =$$
$$= \frac{1}{2}\|S\tilde{u} - \hat{x}\|_X^2 + \langle S\tilde{u} - \hat{x}, x^*\rangle_X + \frac{1}{2}\|x^*\|_X^2 = \frac{1}{2}\|(S\tilde{u} - \hat{x}) + x^*\|_X^2$$

and hence (21). Further, from the proof of part b),

$$g^{*\prime}(S^*x^*) = \tilde{u} = \operatorname{proj}\left(\frac{1}{c} S^*x^* + \hat{u} \mid \Omega\right)$$

is obvious such that for the subdifferential of the convex function g^*, one has

$$\tilde{u} \in \partial g^*(S^*x^*) = \{g^{*\prime}(S^*x^*)\}.$$

In analogy to the derivation of (19) this implies

$$S^*x^* \in \partial g(\tilde{u}) \tag{23}$$

and

$$S^*x^* - c(\tilde{u} - \hat{u}) \in \partial I_\Omega(\tilde{u}),$$

respectively. Therefore

$$S^*f^2(x^*) = \delta_2'(\tilde{u}) + S^*x^* - c(\tilde{u} - \hat{u}) \in \{\delta_2'(\tilde{u}) + u^* : u^* \in \partial I_\Omega(\tilde{u})\} = \partial(\delta_2 + I_\Omega)(\tilde{u})$$

holds, i.e., (22).

4. Estimates concerning (11) and (12)

Theorem 3 contains estimates for the solutions of (4), (5), (6) (or (8), (9), (10), resp.) and estimates for the optimal function values of (3), ..., (6). In the theorem, $\bar{u}(x^*)$ denotes a solution of the optimization problem for $I_\Omega^*(S^*x^*)$ (see (2); $x^* \in X$ given).

Theorem 3:

a) *For the control-approximation problem* (3) *one has the estimates*

$$0 \leqq \delta_1(u) - \min\{\delta_1(u) : u \in \Omega\} \leqq \delta_1(u) + F_1(x^*) \quad \text{for all} \quad (u \in \Omega, x^* \in X), \tag{24}$$

$$0 \leqq \delta_1(\bar{u}(x^*)) - \min\{\delta_1(u) : u \in \Omega\} \leqq \tfrac{1}{2}\|x^* - \hat{x} + S\bar{u}(x^*)\|_X^2 \quad \text{for all} \quad x^* \in X. \tag{25}$$

b) *For the dual problem* (5) *with the solution* $\bar{x}^*$, *one has*

$$0 \leqq F_1(x^*) - F_1(\bar{x}^*) \leqq F_1(x^*) + \delta_1(u) \quad \textit{for all} \quad (x^* \in X, u \in \Omega), \tag{26}$$

$$\|x^* - \bar{x}^*\|_X \leqq \sqrt{2(F_1(x^*) - F_1(\bar{x}^*))} \leqq \|y\|_X \quad \textit{for all} \quad (x^* \in X, y \in f^1(x^*)). \tag{27}$$

c) *For the regularized control-approximation problem* (4) *with the solution* $\bar{\bar{u}}$, *the following estimates are satisfied:*

$$0 \leqq \delta_2(u) - \delta_2(\bar{\bar{u}}) \leqq \delta_2(u) + F_2(x^*) \quad \textit{for all} \quad (u \in \Omega, x^* \in X), \tag{28}$$

$$\|u - \bar{\bar{u}}\|_U \leqq \sqrt{\frac{2}{c}(\delta_2(u) - \delta_2(\bar{\bar{u}}))} \leqq \frac{1}{c}\|v\|_U \quad \textit{for all} \quad (u \in \Omega, v \in \partial(\delta_2 + I_\Omega)(u)), \tag{29}$$

$$\left.\begin{aligned} &\left\|\operatorname{proj}\left(\frac{1}{c}S^*x^* + \hat{u} \mid \Omega\right) - \bar{\bar{u}}\right\|_U \leqq \sqrt{\frac{2}{c}\left(\delta_2\left(\operatorname{proj}\left(\frac{1}{c}S^*x^* + \hat{u} \mid \Omega\right)\right) - \delta_2(\bar{\bar{u}})\right)} \leqq s_i(x^*), \quad i = 1, 2, \\ &\textit{with} \\ &s_1(x^*) = \frac{1}{c}\|S^*f^2(x^*)\|_U, \quad s_2(x^*) = \frac{1}{\sqrt{c}}\|f^2(x^*)\|_X \quad \textit{for all} \quad x^* \in X. \end{aligned}\right\} \tag{30}$$

d) *For the dual problem* (6) *with the solution* $\bar{\bar{x}}^*$, *one has*

$$0 \leqq F_2(x^*) - F_2(\bar{\bar{x}}^*) \leqq F_2(x^*) + \delta_2(u) \quad \textit{for all} \quad (x^* \in X, u \in \Omega), \tag{31}$$

$$\|x^* - \bar{\bar{x}}^*\|_X \leqq \sqrt{2(F_2(x^*) - F_2(\bar{\bar{x}}^*))} \leqq \|f^2(x^*)\|_X \quad \textit{for all} \quad x^* \in X. \tag{32}$$

Proof: We get:

(24), (26), (28), (31) by applying the duality statements contained in Propositions 1b and 2b;

(25) from (24) and (16);

(27) — the left half from (38), the right half from [(26) and (16)] or (39).

(29) — the left half from (38), the right half from (39) for $\delta_2 + I_\Omega$ (the function $\delta_2 + I_\Omega \mid U \to \bar{R}^1$ is properly lower semicontinuous and strongly convex with the constant c);

(30) — the left half from the left part of (29), the bound $s_1(x^*)$ from [the right part of (29) and (22)] and $s_2(x^*)$ from [(28) and (21)];

(32) — the left half from (38), the right half from [(31) and (21)] or (39).

Concerning the estimates of Theorem 3, it is to be noticed that the bounds given by subdifferentials may be discontinuous and then may considerably overestimate the real values. Some of the estimates given in Theorem 3 are very important for solving the control-approximation problems directly or in connection with regularization methods [10] by the aid of the dual problems.

We consider now the estimates (29) and (30). For the problem (4) with $U = X = R^1$, $\Omega = [-1, 1]$, $S = 1$ (identity operator), $\hat{x} = 0$, $\hat{u} = 4$ and $c = 1$, i.e.,

$$\delta_2(u) = u^2 - 4u + 8 \to \min_{u \in [-1,1]},$$

which has the solution $\bar{\bar{u}} = 1$, the estimate (29) with minimal bound on the right-hand side has the following form

$$|u - \bar{\bar{u}}| \leqq \sqrt{\frac{2}{c}(\delta_2(u) - \delta_2(\bar{\bar{u}}))} = \sqrt{2(u^2 - 4u + 3)} \leqq \frac{1}{c}\min\{|v| : v \in \partial(\delta_2 + I_\Omega)(u)\} =$$

$$= \begin{cases} 2(2 - u) & \text{for} \quad -1 \leqq u < 1 \\ 0 & \text{for} \quad u = 1. \end{cases} \tag{33}$$

At this, notice that

$$\partial I_\Omega(u) = \{0\} \quad \text{for} \quad -1 < u < 1, \qquad \partial I_\Omega(1) = \{w : w \geqq 0\}, \qquad \partial I_\Omega(-1) = \{w : w \leqq 0\}.$$

The bound on the right-hand side of (33) is discontinuous at $u = \bar{\bar{u}} = 1$ and overestimates the left side for all u, $-1 \leqq u < 1$, at least by $2 - \sqrt{2}$ because of

$$\sqrt{2(u^2 - 4u + 3)} < \sqrt{2(u^2 - 4u + 4)} = \sqrt{2}\,(2 - u) = 2(2 - u) - (2 - \sqrt{2})\,(2 - u) <$$

$$< 2(2 - u) - (2 - \sqrt{2}) \quad \text{for} \quad -1 \leqq u < 1.$$

Further, from the example we see that (29) is not suitable as a starting point for the (primal) calculation of an approximate value u for $\bar{\bar{u}}$ to a given accuracy $\varepsilon \geqq 0$ since

$$\|u - \bar{\bar{u}}\|_U \leqq \sqrt{\frac{2}{c}(\delta_2(u) - \delta_2(\bar{\bar{u}}))} \leqq \frac{1}{c}\min\{\|v\|_U : v \in \partial(\delta_2 + I_\Omega)(u)\} \overset{!}{\leqq} \varepsilon \tag{34}$$

for $u \in \Omega$ may be satisfied for $u = \bar{\bar{u}}$ only. Now we consider the "dual variant" (30) of (29). The inequality

$$\left\|\operatorname{proj}\left(\frac{1}{c}S^*x^* + \hat{u} \mid \Omega\right) - \bar{\bar{u}}\right\|_U \leqq \sqrt{\frac{2}{c}\left(\delta_2\left(\operatorname{proj}\left(\frac{1}{c}S^*x^* + \hat{u} \mid \Omega\right)\right) - \delta_2(\bar{\bar{u}})\right)} \leqq$$

$$\leqq s_i(x^*) \overset{!}{\leqq} \varepsilon, \qquad i = 1, 2,$$

is satisfied for all x^* in a neighbourhood of the solution $\bar{\bar{x}}^*$ of (6) because of $f^2(\bar{\bar{x}}^*) = 0$ and the continuity of f^2. Therefore, the approximate calculation of $\bar{\bar{x}}^*$ always gives an approximate value for $\bar{\bar{u}}$ which may be the exact $\bar{\bar{u}}$ in some cases. For solving (6), we can use an iteration method with the property $F_2'(x^{*j}) = f^2(x^{*j}) \to 0$ for $j \to +\infty$.

5. Appendix: Statements from convex analysis

Let X be a real Hilbert space with the scalar product $\langle \cdot, \cdot \rangle$ and the norm $||\cdot||$.

5.1. Special properties of the projection operator

Let $M \subset X$ be nonempty, closed and convex, $x \in X$ and proj $(x \mid M)$ the projection from x to M (compare Introduction).

Proposition 3 (Moreau [18]):

a) *The projection operator* proj $(\cdot \mid M) \mid X \to M$ *is nonexpansive, i.e., one has*

$$||\text{proj}\,(x \mid M) - \text{proj}\,(y \mid M)|| \leqq ||x - y|| \quad \textit{for all} \quad x, y \in X\,.$$

b) *The function*

$$f \mid X \to R^1\,, \qquad f(x) = \min\,\{\tfrac{1}{2}\,||y - x||^2 : y \in M\} = \tfrac{1}{2}\,||\text{proj}\,(x \mid M) - x||^2$$

is differentiable in the sense of Fréchet and one has

$$f'(x) = x - \text{proj}\,(x \mid M) \quad \textit{for all} \quad x \in X\,. \tag{35}$$

5.2. Strongly convex functions

A function $f \mid X \to (-\infty, +\infty]$ is said to be strongly convex (with the constant K) if a constant $K > 0$ exists with

$$f(tx + (1 - t)\,y) \leqq tf(x) + (1 - t)\,f(y) - \frac{K}{2}\,t(1 - t)\,||x - y||^2$$

or all $x, y \in X$, $t \in (0, 1)$.

Example: For given $K > 0$ and $\hat{x} \in X$, the function $f \mid X \to R^1, f(x) = \dfrac{K}{2}\,||x - \hat{x}||^2$ is strongly convex with the constant K.

Proposition 4: *Let $f \mid X \to \bar{R}^1$ be proper, convex and lower semicontinuous. Then the following statements are equivalent:*

a) *f is strongly convex with the constant K.*

b) *The subdifferential ∂f is strongly monotone with the constant $K > 0$, i.e., one has*

$$\langle y - y', x - x' \rangle \geqq K||x - x'||^2 \quad \textit{for all} \quad x, x' \in X\,, \qquad y \in \partial f(x)\,, \qquad y' \in \partial f(x')\,. \tag{36}$$

c) *With the constant $K > 0$ one has*

$$f(x') \geqq f(x) + \langle y, x' - x \rangle + \frac{K}{2}\,||x - x'||^2 \quad \textit{for all} \quad x, x' \in X\,, \qquad y \in \partial f(x)\,. \tag{37}$$

Proof: [22: Proposition 6].

Proposition 5: *Let $f \mid X \to \bar{R}^1$ be proper, strongly convex with the constant K and lower semicontinuous. Then one has:*

a) *There exists a unique minimal point of f. (We denote the minimal point with $\bar{x}$.)*

b) $$||x - \bar{x}|| \leqq \sqrt{\frac{2}{K}\,(f(x) - f(\bar{x}))} \quad \textit{for all} \quad x \in X\,. \tag{38}$$

c) $$0 \leqq f(x) - f(\bar{x}) \leqq \frac{1}{2K}\,||y||^2 \quad \textit{for all} \quad x \in X\,, \qquad y \in \partial f(x)\,. \tag{39}$$

Proof:

a) See, for instance, [13: p. 134, Satz 6.13 and 6.14].

b) (See, for instance, [13: p. 131, Lemma 6.5].) For the minimal point $\bar{x}$ of f, one has $0 \in \partial f(\bar{x})$. The inequality (37) with $x = \bar{x}$ and $y = 0$ gives (38).

c) (In the case $X = R^n$, the inequality (39) is proved and used in [23: formula (4.5)]. For this, werefer to [14].) Let $x \in X$ be fixed. With (37), we get

$$f(\bar{x}) \geqq f(x) + \langle y, \bar{x} - x \rangle + \frac{K}{2}\,||x - \bar{x}||^2 \quad \text{for all} \quad y \in \partial f(x)\,,$$

which implies

$$f(x) - f(\bar{x}) \leqq ||x - \bar{x}||\,||y|| - \frac{K}{2}\,||x - \bar{x}||^2 = -\frac{K}{2}\left(||x - \bar{x}|| - \frac{1}{K}\,||y||\right)^2 + \frac{1}{2K}\,||y||^2 \quad \text{for all} \quad y \in \partial f(x)\,,$$

as claimed.

References

1 Barbu, V.; Precupanu, Th., Convexity and Optimization in Banach Spaces, Editura Academiei, Bucuresti, Sijthoff and Noordhoff, Int. Publ. 1978.

2 Benker, H.; Dietrich, H., Anwendung der Dualitätstheorie auf Probleme der optimalen Steuerung, Math. Operationsforsch. Statist., Ser. Optimization **10** (1979), 131–142.

3 Benker, H., Upper and lower bounds for special optimal control problems described by operator equations. In: Preprint — Reihe Mathematik 5 (1981), Universität Greifswald.

4 Bittner, L., Abschätzungen bei Variationsmethoden mit Hilfe von Dualitätssätzen I. Numerische Mathematik **11** (1968), 129–143.

5 Chan, W. L.; Ho, L. F., Lower bounds and duality in the optimal control of distributed systems, J. Math. Analysis Appl. 70 (1979), 530—545.
6 Demyanov, V. F.; Rubinov, A. M., Approximate Methods in Optimization Problems, Elsevier, New York-London-Amsterdam 1970.
7 Dietze, S., Zur Lösung zweier optimaler Steuerprobleme mit dem Maximumprinzip, Dissertation, Technische Universität Dresden 1971.
8 Dietze, S., Steuer-Approximationsprobleme und Fenchel-Rockafellar-Dualität, Math. Operationsforsch. Statist., Ser. Optimization 12 (1981), 331—346.
9 Dietze, S., Spezielle Steuer-Approximationsprobleme und monotone Operatoren, Beiträge zur Analysis 18 (1981), 11—30.
10 Dietze, S., Steuer-Approximationsprobleme und Regularisierungsverfahren. Preprints 07-06-81, ..., 07-09-81, Technische Universität Dresden 1981.
11 Ekeland, I.; Temam, R., Convex Analysis and Variational Problems, North-Holland Publishing Company, Amsterdam, Oxford, American Elsevier Publishing Company, Inc., New York 1976.
12 Ioffe, A. D.; Tichomirov, V. M., Theorie der Extremalaufgaben, VEB Deutscher Verlag der Wissenschaften, Berlin 1979.
13 Kluge, R., Nichtlineare Variationsungleichungen und Extremalaufgaben, VEB Deutscher Verlag der Wissenschaften, Berlin 1979.
14 Kort, B. W.; Bertsekas, D. P., Combined primal-dual and penalty methods for convex programming, SIAM J. Control Optim. 14 (1976), 268 —294.
15 Krabs, W., Einführung in die Kontrolltheorie, Wissenschaftliche Buchgesellschaft, Darmstadt 1978.
16 Lions, J. L., Optimal Control of Systems Governed by Partial Differential Equations, Springer-Verlag, Berlin-Heidelberg-New York 1971.
17 Mackenroth, U., Einige Bemerkungen zur Dualität in der konvexen Optimierung, Computing 14 (1975), 251—259.
18 Moreau, J. J., Proximité et dualité dans un espace Hilbertien, Bull. Soc. math. France 93 (1965), 273—299.
19 Mossino, J., An application of duality to distributed optimal control problems with constraints on the control and the state, J. Math. Analysis Appl. 50 (1975), 223—242.
20 Outrata, J. V., On the differentiability in dual optimal control problems, Math. Operationsforsch. Statist., Ser. Optimization. 10 (1979), 529—542.
21 Pšeničnyj, B. N., Notwendige Optimalitätsbedingungen, Teubner, Leipzig 1972.
22 Rockafellar, R. T., Monotone operators and the proximal point algorithm. SIAM J. Control Optim. 14 (1976), 877—898
23 Rockafellar, R. T., Augmented Lagrangians and applications of the proximal point algorithm in convex programming, Math. of Operations Research 1 (1976), 97—116.
24 Zeidler, E., Vorlesungen über nichtlineare Funktionalanalysis III. Variationsmethoden und Optimierung, Teubner, Leipzig 1977.

Eingereicht: 20. 3. 1982, korrigierte Fassung: 7. 5. 1982

Anschrift: Dr. Siegfried Dietze, Technische Universität Dresden, Sektion Mathematik, WB Numerische Mathematik, Mommsenstraße 13, DDR-8027 Dresden.

ZAMM 63, 37 – 42 (1983)

W. Krabs

Über ein Drei-Kammer-Modell der Haemodialyse

Zum Gedenken an Friedrich Adolf Willers aus Anlaß seines 100. Geburtstages

In dieser Arbeit wird ein mathematisches Modell für den Vorgang der Haemodialyse entwickelt, das auf einer Zerlegung des menschlichen Körpers in den Extrazellularbereich, den Zellularbereich und das Gehirn als getrennten Teil des letzteren beruht. Unter gewissen Periodizitätsannahmen für den Prozeß wird gezeigt, daß für beliebige Durchlässigkeiten der Zellmembranen sich eindeutige periodische Lösungen für die zeitliche Entwicklung der Giftstoffkonzentration in den drei Bereichen ergeben. Für einen realistischen Wert der allgemeinen Zelldurchlässigkeit und mehrere Werte für den zur Zeit noch unbekannten Wert der Durchlässigkeit der Gehirnzellen werden diese periodischen Lösungen auch berechnet und diskutiert.

In this paper a mathematical model for the process of hemodialysis is developed which is based on a partition of the human body into the extra-cellular part, the cellular part and the brain as a separate part of the latter. Under certain periodicity assumptions for the process it is shown that, for arbitrary choices of the diffusion coefficients of the cell membranes, unique periodic solutions of the time-development of the concentrations of the toxin in the three parts are obtained. For a realistic choice of the diffusion coefficient of the general cell membranes and for several choices of the actually unknown diffusion coefficient of the brain cells these periodic solutions are also computed and discussed.

В этой работе предлагается математическая модель для процесса гемодиализа, исходящая из разделения человеческого тела на внеклеточную область, клеточную область и, как особую часть последней, на мозг. При некоторых предположениях периодичности процесса показывается существование единственных периодических решений временнόго развития концентрации токсина в указанных трех подобластях, при любых коэффициентах проницаемости клеточных перепонок. Для разумного значения коэффициента общей проницаемости клеток и несколько значений для пока неизвестного коэффициента проницаемости клеток мозга вычисляются и обсуждаются эти периодические решения.

1. Modellbildung und Zielsetzung

Für den Vorgang der Entgiftung und Entwässerung des Körpers bei chronischem Nierenversagen durch das Verfahren der Haemodialyse wurde in [4], fußend auf [3] und [5], ein mathematisches Modell entwickelt. Dabei wurde der Flüssigkeitsraum des menschlichen Körpers in zwei Bereiche zerlegt, den Zellularbereich Z und den Extrazellularbereich E, die durch Zellwände mit einer gewissen Durchlässigkeit für den betrachteten Giftstoff getrennt sind.

Auf Grund von Kopfschmerzen, die sich bei vielen Patienten im Anschluß an den Dialysevorgang einstellen, ist anzunehmen, daß die Zellwände des Gehirns eine kleinere Durchlässigkeit haben als die übrigen Zellen des menschlichen Körpers, so daß im Gehirn die Konzentration des Giftstoffes, verglichen mit der im sonstigen Zellularbereich, während des Dialysevorganges und auch eine Weile danach erheblich höher ist als im Extrazellularbereich, dem durch die künstliche Niere Gift entzogen wird. Dieser Konzentrationsunterschied zwischen dem Gehirn und dem Extrazellularbereich gibt wahrscheinlich Anlaß zu einer Aufquellung des Gehirns durch Flüssigkeitsabsorption, die zu dem beobachteten Kopfschmerz führt.

In dieser Arbeit soll daher das Gehirn G als ein getrennter Teil des Zellularbereiches behandelt werden. Dann ist neben der Diffusion zwischen Z und E auch die zwischen G und E zu berücksichtigen. Beide werden beschrieben durch die beiden Differentialgleichungen

$$B_Z\dot{K}_Z(t) = -C_Z\big(K_Z(t) - K_E(t)\big)\,, \qquad B_G\dot{K}_G(t) = -C_G\big(K_G(t) - K_E(t)\big)\,, \qquad t \in R\,, \tag{1.1a), (1.1b}$$

wobei $K_Z(t)$ bzw. $K_G(t)$ bzw. $K_E(t)$ die von der Zeit t abhängige Giftstoffkonzentration in Z bzw. G bzw. E (gemessen in mg/ml) bezeichnet und $\dot{K}_Z(t)$ bzw. $\dot{K}_G(t)$ die Ableitung von $K_Z(t)$ bzw. $K_G(t)$ nach t zur Zeit t. Durch B_Z bzw. B_G (gemessen in ml) sind die Volumina von Z bzw. G gegeben und durch C_Z bzw. C_G (gemessen in ml/min) die zeitlich als konstant angenommenen Zelldurchlässigkeiten zwischen Z und E bzw. zwischen G und E.

Die simultane Diffusion zwischen E und Z sowie G, die Dialyse und die Giftstofferzeugung in E werden beschrieben durch die Differentialgleichung

$$B_E\dot{K}_E(t) = C_Z\big(K_Z(t) - K_E(t)\big) + C_G\big(K_G(t) - K_E(t)\big) - C(t)\,K_E(t) + L(t)\,, \qquad t \in R\,, \tag{1.1c}$$

wobei B_E das Volumen von E und $\dot{K}_E(t)$ wiederum die Ableitung von $K_E(t)$ nach t zur Zeit t bezeichnet. $C(t)$ ist die zeitlich veränderliche sog. Clearance der künstlichen Niere (gemessen in ml/min) und $L(t)$ die im Prinzip ebenfalls zeitlich veränderliche Giftstofferzeugungsrate (gemessen in mg/min), die in der Praxis jedoch meist als konstant gleich einem Wert $L > 0$ angenommen wird. Da sich der Dialysevorgang periodisch wiederholt, wird $C(t)$ als periodisch mit einer festen Periode $p > 0$ angenommen, d. h.

$$C(t + p) = C(t) \quad \text{für alle} \quad t \in R\,. \tag{1.2}$$

Weiterhin habe $C(t)$ im Periodenintervall $[0, p]$ die Gestalt

$$C(t) = \begin{cases} C_i(t), & t_i \leqq t \leqq t_{di} \\ 0\,, & t_{di} < t \leqq t_{i+1}\,, \end{cases} \tag{1.3}$$

für $i = 1, \dots, r$, $o = t_1 < t_{d1} < t_2 < t_{d2} < \dots t_{dr} < t_{r+1} = p$, $r \in N$. Die Funktionen $C_i(t)$, $i = 1, \dots, r$, sind dabei positiv, stetig und monoton fallend auf den Dialyseintervallen $[t_i, t_{di}]$, wodurch die stetige zeitliche Abnahme der positiven Giftdurchlässigkeit der künstlichen Niere wiedergegeben wird. In den Intervallen $(t_{di}, t_{i+1}]$ findet keine Dialyse statt, was durch $C(t) = 0$ ausgedrückt wird.

Ist die Giftstofferzeugungsrate $L(t)$ nicht konstant, so wird sie ebenfalls als positiv, stetig und periodisch mit derselben Periode $p > 0$ wie für $C(t)$ angenommen.

Das in [4] betrachtete *Zweikammermodell* gewinnt man aus dem hier beschriebenen Dreikammermodell folgendermaßen:
Da G und Z nicht mehr getrennt werden, muß notwendig $K_G = K_Z = K$ sein. Daraus ergibt sich auf Grund von (1.1a) und (1.1b)

$$C_Z/B_Z = C_G/B_G ,$$

was

$$C_G + C_Z = \frac{B_Z + B_G}{B_Z} C_Z$$

impliziert. Aus (1.1 a, b) erhält man damit

$$(B_Z + B_G)\, \dot{K}(t) = -C\big(K(t) - K_E(t)\big) , \tag{1.4}$$

wobei

$$C = \frac{B_Z + B_G}{B_Z} C_Z = C_G + C_Z \tag{1.5}$$

gesetzt wurde, und (1.1c) lautet

$$B_E \dot{K}_E(t) = C\big(K(t) - K_E(t)\big) - C(t)\, K_E(t) + L(t) . \tag{1.6}$$

Die Gleichungen (1.4) und (1.6) wurden (mit B_Z anstelle von $B_Z + B_G$, K_Z anstelle von K und C_Z anstelle von C) dem Zweikammermodell in [4] zugrundegelegt. Die dort noch zugelassene Gifterzeugung in Z und die Nierenrestfunktion wurden hier nicht berücksichtigt, können aber mühelos einbezogen werden. Insbesondere gilt der dort bewiesene Satz 2.4 hier auch sinngemäß.

Das Ziel dieser Arbeit besteht nun zunächst darin, nachzuweisen, daß es unter den obigen Annahmen für jede Wahl von $C_Z > 0$ und $C_G > 0$ genau eine in allen drei Komponenten positive, absolut stetige und p-periodische Lösung $\big(K_Z(t), K_G(t), K_E(t)\big)$ von (1.1 a, b, c) gibt. Diese Aussage wird sogar in einer allgemeineren Form für ein Mehrkammermodell bewiesen, das man durch unmittelbare Verallgemeinerung von (1.1 a, b, c) erhält, wenn man dieses System von Differentialgleichungen wie folgt umschreibt unter Verwendung der folgenden Definitionen:

$$x(t) = \big(x_1(t)\,,\, x_2(t), x_3(t)\big)^{\mathsf T} , \qquad x_1(t) = K_Z(t) , \qquad x_2(t) = K_G(t) , \qquad x_3(t) = K_E(t) ,$$

$$c_1 = C_Z/B_Z , \qquad c_2 = C_G/B_G , \qquad c_3 = C_Z/B_E , \qquad c_4 = C_G/B_E ; \qquad d_1 = d_2 = 0 , \qquad d_3(t) = C(t)/B_E ;$$

$$b(t) = (0, 0, L(t)/B_E)^{\mathsf T} , \qquad t \in R , \tag{1.7}$$

sowie

$$A(t) = \begin{pmatrix} -c_1 - d_1(t) & 0 & c_1 \\ 0 & -c_2 - d_2(t) & c_2 \\ c_3 & c_4 & -c_3 - c_4 - d_3(t) \end{pmatrix} . \tag{1.8}$$

Mit diesen Definitionen lautet (1.1 a, b, c)

$$\dot{x}(t) = A(t)\, x(t) + b(t) , \qquad t \in R , \tag{1.9}$$

wobei $\dot{x}(t) = \big(\dot{x}_1(t), \dot{x}_2(t), \dot{x}_3(t)\big)^{\mathsf T}$ ist.

Die Beweistechnik ist der in [4] völlig analog.

Die genannte positive, absolut stetige und p-periodische Lösung $\big(K_Z(t), K_G(t), K_E(t)\big)$ von (1.1 a, b, c) wird für gewisse Spezialfälle auch berechnet und diskutiert. Dabei wird in (1.3) $r = 1$, $t_{d1} = 360$ [min], $t_2 = p = 2880$ [min] und

$$C_1(t) = 132\, \mathrm{e}^{-0.001t} , \qquad t \in [0, t_{d1}] , \tag{1.10}$$

gewählt. Weiterhin wird $L = 10$ [mg/min] gesetzt. Dieser Wert wurde auch in [4] zugrundegelegt und ist realistisch. Die Wahl von $C_1(t)$ nach (1.10) wurde ebenfalls in [4] vorgenommen und gibt einen vernünftigen Verlauf von $C_1(t)$ wieder. Weiter wird $B_G = 1375$ [ml], $B_E = 13600$ [ml], $B_Z = 25825$ [ml] gewählt. $B_Z + B_G$ ergeben dann gerade das in [4] zugrundegelegte Volumen 27200 [ml] für den Zellularbereich unter Einbeziehung des Gehirns. Für die Wahl von C_G können zur Zeit keine verläßlichen Angaben gemacht werden. Daher wird dieser Parameter variiert, um auf diese Weise seinen Einfluß studieren zu können. Einen Hinweis auf seine Größenordnung kann man aber schon dem Zweikammermodell (1.4), (1.6) entnehmen, das man erhält, indem man $K_G = K_Z = K$ annimmt. Wählt man hier für C wie in [4] den Wert 500 [ml/min], so ergibt sich aus (1.5)

$$C_Z = 474{,}72 , \qquad C_G = 25{,}28 . \tag{1.11}$$

Orientiert an diesem Fall, werden wir C_G und C_Z immer so wählen, daß $C_G + C_Z = 500$ [ml/min] ist.

2. Ein allgemeines mathematisches Modell für Mehrkammersysteme

In Verallgemeinerung von (1.9), (1.8), (1.7) legen wir das folgende mathematische Modell zugrunde: Vorgelegt sei ein lineares System der Form

$$\dot{x}(t) = A(t)\,x(t) + b(t)\,, \qquad t \in R\,, \tag{2.1}$$

mit einer $(n+1)$-Vektorfunktion $x = x(t)$, wobei

$$A(t) = \begin{pmatrix} -c_1 - d_1(t) & & 0 & c_1 \\ 0 & \ddots & \vdots & \vdots \\ \vdots & \ddots & 0 & \vdots \\ 0 \ldots\ldots 0 & & -c_n - d_n(t) & c_n \\ c_{n+1} \ldots\ldots c_{2n-1} & & c_{2n} & -\sum_{i=1}^{n} c_{i+n} - d_{n+1}(t) \end{pmatrix} \tag{2.2}$$

und

$$b(t) = (b_1(t), \ldots, b_{n+1}(t))^{\mathsf{T}}\,.$$

Die c_i, $i = 1, \ldots, 2n$, sind positive Konstanten, die Funktionen $b_i \in C(R)$, $i = 1, \ldots, n+1$, sind p-periodisch, und die Funktionen $d_i\colon R \to R$, $i = 1, \ldots, n+1$, sind ebenfalls p-periodisch und auf $[o, p]$ stückweise stetig. Ferner seien $b_i \geqq 0$ und $d_i \geqq 0$ für alle $i = 1, \ldots, n+1$.

Bekanntlich (vgl. z. B. [2]) gibt es zu jedem Anfangswert $x^0 \in R^{n+1}$ genau eine absolut stetige $(n+1)$-Vektorfunktion $x = x(t)$ mit $x(0) = x^0$, die (2.1) für fast alle $t \in R$ erfüllt. Diese ist gegeben durch die Formel der Variation der Konstanten

$$x(t) = Y(t)\,\{x^0 + \int_0^t Y(s)^{-1}\,b(s)\,\mathrm{d}s\}\,, \tag{2.3}$$

wobei $Y = Y(t)$ die sog. Fundamentalmatrixfunktion auf R ist mit

$$\dot{Y}(t) = A(t)\,Y(t) \quad \text{für fast alle} \quad t \in R\,, \tag{2.4}$$

$$Y(0) = E_{n+1} = (n+1) \times (n+1)\text{-Einheitsmatrix}\,. \tag{2.5}$$

Lemma 2.1: *Sei $x = x(t)$ eine absolut stetige Lösung von* (2.1) *auf R. Dann gilt für jedes $t_0 \geqq 0$*

$$x(t_0) \geqq \Theta_{n+1} \Rightarrow x(t) \geqq \Theta_{n+1} \quad \textit{für alle} \quad t > t_0\,; \tag{2.6}$$

$$(x(t_0) \geqq \Theta_{n+1}\,,\ x(t_0) \neq \Theta_{n+1}) \Rightarrow x(t) > \Theta_{n+1} \quad \textit{für alle} \quad t > t_0 \tag{2.7}$$

Beweis: (2.6) folgt aus (2.7) durch Grenzübergang, da die Lösung $x = x(t)$ von (2.1) stetig von $x(t_0)$ abhängt. Zum Beweis von (2.7) setzen wir $a_{n+1}(t) = \sum_{i=1}^{n} c_{i+n} + d_{n+1}(t)$ sowie $a_i(t) = c_i + d_i(t)$ für $i = 1, \ldots, n$ und gehen aus von den Beziehungen

$$x_i(t) = \exp\left(-\int_{t_0}^{t} a_i(s)\,\mathrm{d}s\right)\{x_i(t_0) + \int_{t_0}^{t} (c_i x_{n+1}(s) + b_i(s))\exp\left(\int_{t_0}^{s} a_i(\tau)\,\mathrm{d}\tau\right)\mathrm{d}s\} \tag{2.8}$$

für $i = 1, \ldots, n$ und

$$x_{n+1}(t) = \exp\left(-\int_{t_0}^{t} a_{n+1}(s)\,\mathrm{d}s\right)\{x_{n+1}(t_0) + \int_{t_0}^{t} \left(\sum_{i=1}^{n} c_{i+n} x_i(s) + b_{n+1}(s)\right)\exp\left(\int_{t_0}^{s} a_{n+1}(\tau)\,\mathrm{d}\tau\right)\mathrm{d}s\}\,,$$

welche mit (2.1) äquivalent sind.

Ist $x_i(t_0) > 0$ für ein $i = 1 \ldots, n$, so gibt es ein $\delta > t_0$ derart, daß

$$\sum_{i=1}^{n} c_{i+n} x_i(s) > 0 \quad \text{ist für alle} \quad s \in [t_0, \delta]\,,$$

da alle $x_i = x_i(t)$ stetig sind und $x_i(t_0) \geqq 0$ für $i = 1, \ldots, n$ angenommen wurde. Daraus folgt

$$x_{n+1}(t) > 0 \quad \text{für alle} \quad t \in (t_0, \delta)]\,. \tag{2.9}$$

Sind alle $x_i(t_0) = 0$ für $i = 1, \ldots, n$, so ist nach Voraussetzung $x_{n+1}(t_0) > 0$ und damit ebenfalls (2.9) für ein passendes $\delta > t_0$ erfüllt.

Annahme: Es gibt ein $t > \delta$ mit $x_{n+1}(t) \leqq 0$. Dann können wir annehmen, daß t minimal ist mit dieser Eigenschaft.

Weiter gibt es wegen $x_{n+1}(t) \leqq 0$ ein $\hat{t} \in (\delta, t)$ mit $\sum_{i=1}^{n} c_{i+n} x_i(\hat{t}) < 0$, woraus unter Benutzung der ersten n Gleichungen in (2.8) folgt, daß

$$\sum_{i=1}^{n} c_{i+n} \exp\left(-\int_{t_0}^{\hat{t}} a_i(s)\,\mathrm{d}s\right)\int_{t_0}^{\hat{t}} (c_i x_{n+1}(s) + b_i(s))\exp\left(\int_{t_0}^{s} a_i(\tau)\,\mathrm{d}\tau\right)\mathrm{d}s < -\sum_{i=1}^{n} c_{i+n}\exp\left(-\int_{t_0}^{\hat{t}} a_i(s)\,\mathrm{d}s\right)x_i(t_0) \leqq 0$$

ist. Das ist aber nur möglich, falls gilt

$$x_{n+1}(\hat{s}) < 0 \quad \text{für ein} \quad \hat{s} \in (\delta, \hat{t}) \subseteq (\delta, t)\,,$$

ein Widerspruch gegen die Minimalität von t.

Damit ist $x_{n+1}(t) < 0$ für alle $t < t_0$, was

$$x_i(t) > 0 \quad \text{für alle} \quad t > t_0 \quad \text{und alle} \quad i = 1, \dots, n$$

impliziert und den Beweis vollendet.

Folgerung: *Die durch* (2.4), (2.5) *definierte Fundamentalmatrixfunktion* $Y = Y(t)$ *hat für alle* $t > 0$ *positive Elemente.*

Lemma 2.2: *Für jedes* $t > 0$ *gilt für den Spektralradius von* $Y(t)$ *im Falle* $\sum_{j=1}^{n+1} d_j \not\equiv 0$ *auf* $[0, t]$:

$$\varrho(Y(t)) < 1. \tag{2.10}$$

Beweis: Wir benutzen die Tatsache, daß

$$\varrho(Y(t)) = \varrho(Y(t)^{\mathsf{T}})$$

ist. Definiert man

$$y = \left(c_{n+1}, c_1 \frac{c_{n+2}}{c_2}, \dots, c_1 \frac{c_{2n}}{c_n}, c_1\right)^{\mathsf{T}},$$

so folgt

$$A(t)^{\mathsf{T}} y = \left[\begin{pmatrix} -c_1 & & 0 & c_{n+1} \\ & -c_2 & & \vdots \\ 0 & & \ddots & \vdots \\ & & -c_n & c_{2n} \\ c_1 & \dots & c_n & -\sum_{j=1}^{n} c_{n+j} \end{pmatrix} + \begin{pmatrix} -d_1(t) & & 0 \\ & \ddots & \\ 0 & & -d_{n+1}(t) \end{pmatrix}\right] y = -D(t)\, y,$$

wobei $D(t)$ die $(n+1) \times (n+1)$-Diagonalmatrix mit den Elementen $D_{ii}(t) = d_i(t)$, $i = 1, \dots, n+1$, ist.

Damit erhalten wir

$$\dot{Y}(t)^{\mathsf{T}} y = Y(t)^{\mathsf{T}} A(t)^{\mathsf{T}} y = -Y(t)^{\mathsf{T}} D(t)\, y$$

und durch Integration

$$Y(t)^{\mathsf{T}} y = y - \int_0^t Y(s)^{\mathsf{T}} D(s)\, y \, ds < y.$$

Daraus folgt weiter (vgl. [1])

$$\varrho(Y(t)^{\mathsf{T}}) \leqq \max_{i=1,\dots,n+1} \frac{(Y(t)^{\mathsf{T}} y)_i}{y_i} < 1,$$

woraus sich (2.10) ergibt.

Satz 2.3: *Ist* $\sum_{i=1}^{n+1} d_i \not\equiv 0$, *so gibt es genau eine absolut stetige, p-periodische Lösung* $x = x(t)$ *von* (2.1). *Diese ist von der Form* (2.3), (2.4), (2.5) *mit*

$$x^0 = (E_{n+1} - Y(p))^{-1}\, \tilde{x}(p), \tag{2.11}$$

wobei

$$\tilde{x}(t) = Y(t) \int_0^t Y(s)^{-1} b(s)\, ds, \qquad t \in R. \tag{2.12}$$

Ist überdies $\sum_{i=1}^{n+1} b_i \not\equiv 0$, *so ist*

$$x(t) > \Theta_{n+1} \quad \textit{für alle} \quad t \in R. \tag{2.13}$$

Beweis: Eine absolut stetige Lösung $x = x(t)$ von (2.1) ist genau dann p-periodisch, wenn gilt

$$(E_{n+1} - Y(p))\, x^0 = Y(p) \int_0^p Y(s)^{-1} b(s)\, ds.$$

Die Invertierbarkeit von $(E_{n+1} - Y(p))$ folgt aus dem Lemma 2.2, woraus sich der erste Teil der Behauptung ergibt.

Zum Beweis des zweiten Teiles bemerken wir zunächst, daß $\tilde{x}(t)$ (2.12) eine Lösung von (2.1) ist mit $\tilde{x}(0) = \Theta_{n+1}$. Nach Lemma 2.1 ist somit $\tilde{x}(t) \geqq \Theta_{n+1}$ für alle $t > 0$.

Wäre nun $\tilde{x}_i(p) = 0$ für irgendein $i = 1, \dots, n+1$, so wäre auf Grund von Lemma 2.1 $\tilde{x}(t) = \Theta_{n+1}$ für alle $t \in [0, p)$, woraus $b_i \equiv 0$ auf $[0, p]$ folgt im Widerspruch zur Annahme $\sum_{i=1}^{n+1} b_i \not\equiv 0$. Damit ist $\tilde{x}(p) > \Theta_{n+1}$. Da $(E_{n+1} - Y(p))^{-1}$ aus positiven Elementen besteht (was man an der Neumannschen Reihe unmittelbar ablesen kann), ist x^0 (2.11) $> \Theta_{n+1}$, woraus (2.13) mit Lemma 2.1 folgt.

3. Numerische Berechnung der periodischen Lösungen

3.1. Methode

Wir legen allgemein das Mehrkammermodell zugrunde und stützen uns auf Satz 2.3, aus dem sich die Berechnung der periodischen Lösung von (2.1) direkt gewinnen läßt. Die Rechnung vollzieht sich in vier Schritten. Wir nehmen an, daß gilt

$$\sum_{i=1}^{n+1} d_i \neq 0 \quad \text{und} \quad \sum_{i=1}^{n+1} b_i \neq 0\,, \tag{3.1}$$

so daß Satz 2.3 auch anwendbar ist.

Schritt 1: Berechnet wird $\tilde{x}(p)$ mit $\tilde{x} = \tilde{x}(t)$ nach (2.12) durch Lösung der Anfangswertaufgabe

$$\dot{\tilde{x}}(t) = A(t)\,\tilde{x}(t) + b(t)\,, \qquad t \in (0, p]\,, \qquad \tilde{x}(0) = \Theta_{n+1}\,. \tag{3.2}$$

Schritt 2: Berechnet wird $Y(p) = (y_1(p), \dots, y_{n+1}(p))$ mit $y_i(p) \in R^{n+1}$, $i = 1, \dots, n+1$, durch Lösung der $n+1$ Anfangswertaufgaben

$$\dot{y}_i(t) = A(t)\,y_i(t)\,, \qquad t \in (0, p]\,, \qquad y_i(0) = e_i\,, \qquad i = 1, \dots, n+1\,, \tag{3.3}$$

wobei e_i der i-te Koordinaten-Einheitsvektor in R^{n+1} ist. ($Y(t) = (y_1(t), \dots, y_n(t))$ ist dann die durch (2.4), (2.5) definierte Fundamentalmatrixfunktion.)

Schritt 3: Berechnet wird $x^0 \in R^{n+1}$ als Lösung des linearen Gleichungssystems

$$(E_{n+1} - Y(p))\,x^0 = \tilde{x}(p) \tag{3.4}$$

(vgl. (2.11)).

Schritt 4: Berechnet wird die in allen Komponenten positive, absolut stetige, p-periodische Lösung $x = x(t)$ von (2.1) durch Lösung der Anfangswertaufgabe

$$\dot{x}(t) = A(t)\,x(t) + b(t)\,, \qquad x(0) = x^0\,. \tag{3.5}$$

Zur Lösung der Anfangswertaufgaben (3.2), (3.3), (3.5) kann irgendein geläufiges Ein- oder Mehrschrittverfahren benutzt werden. Für die Zwecke dieser Arbeit hat sich das Polygonzugverfahren als völlig ausreichend erwiesen.

3.2. Ergebnisse für das Dreikammermodell

Wir wählen die am Ende von Abschnitt 1 angegebenen Daten und diskutieren die Ergebnisse für die Werte

$$\left.\begin{array}{llll} C_G = 0{,}1 & C_G = 1 & C_G = 10 & C_G = 20 \\ C_Z = 499{,}9 & C_Z = 499 & C_Z = 490 & C_Z = 480 \end{array}\right\} [\text{ml/min}]\,.$$

Als Schrittweite beim Polygonzugverfahren wurde $h = 1$ [min] gewählt, wodurch eine genügend hohe Genauigkeit gewährleistet ist. Für die Anfangswerte $K_Z(0)$, $K_G(0)$, $K_E(0)$ der positiven, absolut stetigen, p-periodischen Lösung von (1.1 a, b, c) ≙ (1.9) erhält man die folgende Tabelle:

C_G	$K_Z(0) = K_Z(p)$	$K_G(0) = K_G(p)$	$K_E(0) = K_E(p)$	
0,1	1,14482	0,831434	1,15788	[mg/ml]
1	1,14421	0,923036	1,15770	
10	1,13551	1,114731	1,14843	
20	1,13309	1,129427	1,14628	

An dieser Tabelle erkennt man, daß $K_G(0)$ mit C_G monoton wächst und sich dem Wert von $K_Z(0)$ immer mehr angleicht, der zusammen mit $K_E(0)$ mit steigendem C_G-Wert monoton leicht fällt. Für $C_G = 25{,}58$, $C_Z = 474{,}72$ (vgl. (1.11)-Zweikammermodell) erhält man zum Vergleich die Werte

$$K_Z(0) = K_G(0) = 1.13278\,, \qquad K_E(0) = 1{,}14611\,.$$

Am Ende der Dialyse (d. h. für $t = t_d = 6$ [Stdn]) stellen sich die folgenden Werte für K_Z, K_G und K_E ein:

C_G	$K_Z(t_d)$	$K_G(t_d)$	$K_E(t_d)$
0,1	0,527813	0,828088	0,480161
1	0,528787	0,869595	0,481363
10	0,534848	0,639948	0,487396
20	0,536505	0.553766	0,487695

Man erkennt an dieser Tabelle, wie sich die Differenz $K_G(t_d) - K_E(t_d)$ mit wachsendem C_G verkleinert. Die Gleichheit $K_G(t) = K_E(t)$ stellt sich für $C_G = 0.1$ bzw. 1 bzw. 10 bzw. 20 ungefähr bei $t = 25$ bzw. $t = 22$ bzw. $t = 9$ bzw. $t = 7$ Stdn ein (wie sich aus den Berechnungen ergibt). Wenn man bedenkt, daß die Gehirnaufquellung bis zu diesem Zeitpunkt stattfindet und erst danach zurückgehen kann und daß erfahrungsgemäß die durch die Aufquellung bedingten Kopfschmerzen bis zu $t = 24$ [Stdn] andauern, so ist $C_G = 10$ [ml/min] für die Durchlässigkeit des Gehirns ein nicht unvernünftiger Schätzwert, der zum Gleichstand von $K_G(t)$ und $K_E(t)$ ungefähr bei $t = 9$ führt, d. h. etwa 3 Stunden nach der Dialyse.

Diese Arbeit entstand aus einer Anregung von G. F. KOCH, von dem auch der Anstoß zu [3] und [4] ausging.

Literatur

1 Gantmacher, F. R., Applications of the Theory of Matrices, Wiley and Sons, Inc., New York-London-Sydney 1959.
2 Hermes, H.; LaSalle, J. P., Functional Analysis and Time Optimal Control, Academic Press, New York-San Francisco-London 1969.
3 Klingelhöfer, D., Mathematische Behandlung eines Dialysemodells, Diplomarbeit, Darmstadt 1980.
4 Klingelhöfer, D.; Koch, G. F.; Krabs, W., Mathematische Behandlung eines Modells der Haemodialyse, Math. Meth. in the Appl. Sci. **3**, 393–404 (1981).
5 Koch, G. F., Quantitative Aussagen zur Haemodialyse aufgrund ihrer mathematisch-theoretischen Erfassung, erscheint demnächst.

Eingereicht: 1. 4. 1982

Anschrift: Prof. Dr. W. Krabs, Fachbereich Mathematik, Technische Hochschule Darmstadt, Schloßgartenstr. 7, D-6100 Darmstadt, BRD

ZAMM 63, 43 – 48 (1983)

E. BECKER

Bemerkungen zur Instabilität der Strömung nicht-newtonscher Flüssigkeiten

Zum 100. Geburtstag von Fr. A. WILLERS

In nicht-newtonschen Flüssigkeiten kann eine Instabilität bei schleichender Strömung auftreten. Die Energiemethode zur Stabilitätsuntersuchung liefert hierfür ein Stabilitätskriterium, vorausgesetzt, man kennt das Stoffgesetz der Flüssigkeit. Es wird gezeigt, wie man sich eine relevante Stoffgleichung, ausgehend von der Grundströmung, deren Stabilität zu untersuchen ist, durch ein Störungsverfahren verschaffen kann. Am Beispiel ebener viskometrischer Grundströmung wird unter Beschränkung auf ebene Störungen ein einfaches, experimentell gut bestätigtes Ergebnis für die Stabilitätsgrenze hergeleitet.

Instability in creeping flow of non-Newtonian liquids is possible. The energy method for stability investigations leads to a stability criterion provided the constitutive law of the liquid is known. It is shown how one can derive a relevant constitutive equation by a perturbation procedure, using the flow whose stability is to be investigated as basis for the perturbation. Plane viscometric flow, with restriction to plane disturbances, is treated as an example. A simple result for the stability limit is obtained which agrees with experimental evidence.

Ползучее течение неньютоновской жидкости может быть неустойчивым. Исследование устойчивости методом энергии приводит к критерию устойчивости в предположении, что известен закон поведения жидкости. Показывается, как можно получить закон поведения жидкости, используя течение, устойчивость которого изучается. В качестве примера рассматривается плоское течение с плоскими возмущениями. Получен простой подтверждённый экспериментально результат для границы устойчивости.

1. Einleitung

In einem endlichen Bereich $\mathfrak{B}$ des Raumes mit dem Rand $\partial\mathfrak{B}$ bewege sich eine Flüssigkeit konstanter Dichte ϱ. Das Geschwindigkeitsfeld wird mit $v_i(\boldsymbol{x}, t)$ bezeichnet. Aus der Massenbilanz für die Flüssigkeit folgt die Kontinuitätsgleichung

$$\frac{\partial v_i}{\partial x_i} = 0\,. \tag{1}$$

Die Impulsbilanz ergibt

$$\varrho\left(\frac{\partial v_i}{\partial t} + v_k\frac{\partial v_i}{\partial x_k}\right) = -\frac{\partial p}{\partial x_i} + \frac{\partial \tau_{ik}}{\partial x_k} + \varrho f_i\,. \tag{2}$$

Hierbei ist $p(\boldsymbol{x}, t)$ der Druck, $\tau_{ik}(\boldsymbol{x}, t)$ sind die Elemente des Tensors der „Reibungsspannungen" und $f_i(\boldsymbol{x}, t)$ die Komponenten der Massenkraft. Für $t = 0$ sei das Geschwindigkeitsfeld in einer mit (1) verträglichen Weise vorgegeben. Für $t \geqq 0$ erfüllt das Geschwindigkeitsfeld auf $\partial\mathfrak{B}$ die Haftbedingungen, so daß die Geschwindigkeit der Flüssigkeit auf dem Rand zu allen Zeiten durch die Bewegung des Randes vorgegeben ist. Im folgenden werden einige Aspekte der Stabilität der so definierten Strömung in $\mathfrak{B}$ für allgemeine nicht-newtonsche Fluide diskutiert.

Außer der im folgenden als „Grundströmung" bezeichneten Flüssigkeitsbewegung mit dem Geschwindigkeitsfeld v_i denken wir uns eine zweite „gestörte Strömung" in $\mathfrak{B}$ mit dem Geschwindigkeitsfeld v_i^*, dem Druckfeld p^* und den Reibungsspannungen τ_{ik}^*. Die Differenzen der entsprechenden Größen für die gestörte Strömung und die Grundströmung werden „Störungen" genannt und durch einen Strich bezeichnet. Die „Störgeschwindigkeit" ist z. B.

$$v_i' := v_i^* - v_i\,. \tag{3}$$

Die gestörte Strömung genügt gegebenenfalls den Gleichungen (1) und (2) und der Haftbedingung auf $\partial\mathfrak{B}$; sie unterscheidet sich von der Grundströmung durch die anfängliche Geschwindigkeitsverteilung zur Zeit $t = 0$. Nun wird eine Größe K definiert, die man als kinetische Energie der Störung bezeichnen kann:

$$K := \frac{\varrho}{2}\int\limits_{\mathfrak{B}} v_i'v_i'\,\mathrm{d}V\,. \tag{4}$$

Durch eine in vielen Büchern (vgl. [7, 9]) nachzulesende Kombination und Manipulation der für Grundströmung und gestörte Strömung angeschriebenen Gleichungen (1) und (2) läßt sich für die zeitliche Änderung von K die folgende Gleichung herleiten:

$$\frac{\mathrm{d}K}{\mathrm{d}t} = -\int\limits_{\mathfrak{B}} (\varrho D_{ik}v_i'v_k' + \tau_{ik}'D_{ik}')\,\mathrm{d}V\,. \tag{5}$$

Hier sind die D_{ik} die Elemente des Deformationsgeschwindigkeitstensors:

$$D_{ik} := \frac{1}{2}\left(\frac{\partial v_i}{\partial x_k} + \frac{\partial v_k}{\partial x_i}\right). \tag{6}$$

Die in (5) auftretenden Größen D'_{ik} sind gemäß (6) mit der Störgeschwindigkeit v'_i zu bilden; die τ'_{ik} sind die Störspannungen.

Die Herleitung einer hinreichenden Bedingung für die Stabilität der Grundströmung aus (5) setzt voraus, daß man die Stoffgleichung des strömenden Fluids kennt, durch die die Reibungsspannungen mit der Bewegung des Fluids verknüpft werden. Für newtonsche Fluide konstanter Dichte ist dies die Gleichung

$$\tau_{ik} = 2\eta D_{ik}, \tag{7}$$

wobei $\eta > 0$ die Viskosität des Fluids ist. Für solche Fluide ist

$$\tau'_{ik} D'_{ik} = 2\eta D'_{ik} D'_{ik} \tag{8}$$

offenkundig eine positiv definite quadratische Form. Der erste Term im Integranden von (5) hat, verglichen mit dem zweiten Term, die Größenordnung der Reynoldszahl Re der Grundströmung; (Definition: $\mathrm{Re} = \varrho U l/\eta$, mit U = charakteristische Geschwindigkeit der Grundströmung, l = charakteristische Längenabmessung von $\mathfrak{B}$). Bei sehr kleiner Reynoldszahl überwiegt der zweite Term in (5), und es ist daher $\dot{K} < 0$. Hieraus schließt man auf Stabilität der Grundströmung bei hinreichend kleiner Reynoldszahl; Einzelheiten sind der einschlägigen Literatur zu entnehmen (z. B. [7, 9]). Erst bei Überschreiten eines gewissen kritischen Wertes der Reynoldszahl kann Instabilität einsetzen.

Im Grenzfall $Re \to 0$ spricht man von schleichender Strömung. Bei schleichender Strömung ist der konvektive Anteil der Beschleunigung, d. h. $v_k\, \partial v_i/\partial x_k$, der zum ersten Term im Integranden von (5) führt, vernachlässigbar. Im folgenden wird nur noch schleichende Strömung erörtert. Während nach dem oben Gesagten die schleichende Strömung eines newtonschen Fluids stabil ist, können in schleichender Strömung nicht-newtonscher Fluide Instabilitäten auftreten. Bei vielen technischen Prozessen, z. B. bei der Extrusion von Kunststoffschmelzen, machen sich solche Instabilitäten störend bemerkbar. Sogar der Ruhezustand ($v_i \equiv 0$) nicht-newtonscher Fluide erweist sich als instabil, wenn man für solche Fluide annimmt, daß ihre Stoffgleichung diejenige eines Rivlin-Ericksen-Fluids n. Ordnung ist [10, 11]! Dieses unrealistische Ergebnis zeigt natürlich nur, daß derartige Stoffgleichungen, so nützlich und brauchbar sie für spezielle Untersuchungen auch sein mögen, das reale Stoffverhalten nicht unter allen Umständen richtig beschreiben. Um die Stabilität schleichender Strömungen nichtnewtonscher Fluide zu studieren, muß man daher von einer zuverlässigen und realistischen Stoffgleichung ausgehen. Die Stabilität schleichender Strömung setzt voraus, daß der Ausdruck $\tau'_{ik} D'_{ik}$ zumindest für „kleine" Störungen positiv definit ist. Im folgenden werden kleine Störungen vorausgesetzt, was auf eine lineare Stabilitätsanalyse hinausläuft.

2. Stoffgleichung für die Störungen

Das allgemeine Stoffgesetz eines einfachen Fluids läßt sich wie folgt schreiben [4, 11]

$$\boldsymbol{T}(\boldsymbol{x}, t) = \underset{s=0}{\overset{\infty}{\mathfrak{F}}} (\boldsymbol{C}_t(s; \boldsymbol{x}, t)). \tag{9}$$

$\boldsymbol{T}(\boldsymbol{x}, t)$ ist der Tensor der Reibungsspannungen am Ort $\boldsymbol{x}$ zur Zeit t; $\boldsymbol{C}_t(s; \boldsymbol{x}, t)$ ist der relative Rechts-Cauchy-Green-Tensor [3, 4, 10] zur vergangenen Zeit $t - s$, mit $s \geqq 0$, für eine Flüssigkeitspartikel, die sich zur Zeit t am Ort $\boldsymbol{x}$ befindet. Die Bedeutung dieses symmetrischen Tensors mit den Elementen C_{ik} ergibt sich z. B. aus der Formel:

$$\mathrm{d}x_i(t - s)\, \mathrm{d}x_i(t - s) = C_{ik}\, \mathrm{d}x_i(t)\, \mathrm{d}x_k(t). \tag{10}$$

Der Tensor $\boldsymbol{C}_t$ vermittelt nach (10) den Zusammenhang zwischen dem Quadrat des Abstandes zweier infinitesimal benachbarter Flüssigkeitspartikel (besser: materieller Punkte) zur Zeit $t - s$ mit ihrem Abstand zur Zeit t (vgl. Fig. 1). Zu vorgegebenem Geschwindigkeitsfeld läßt sich $\boldsymbol{C}_t(s)$ berechnen. Die Entwicklung des Tensors $\boldsymbol{C}_t$ nach der in die Vergangenheit laufenden Zeitvariablen s beginnt wie folgt [4, 5]:

$$\boldsymbol{C}_t(s; \boldsymbol{x}, t) = \boldsymbol{I} - 2s\, \boldsymbol{D}(\boldsymbol{x}, t) \pm \dots, \tag{11}$$

wobei $\boldsymbol{D}$ der Deformationsgeschwindigkeitstensor mit den Elementen D_{ik} gemäß (6) ist. Das Symbol „$\mathfrak{F}$" in (9) bedeutet ein allgemeines Funktional, von dem zweimalige Fréchet-Differenzierbarkeit im Sinne einer Hilbertraum-Norm „schwindenden Gedächtnisses" vorausgesetzt wird [4, 11]. Gleichung (10) besagt, daß die Reibungsspannungen für ein Flüssigkeitselement von seiner gesamten, durch $\boldsymbol{C}_t$ gemessenen vergangenen Deformation abhängen, wobei wegen des schwindenden Gedächtnisses die Vergangenheit regressiv weniger Einfluß auf die aktuelle Spannung hat.

Seien nun $\boldsymbol{C}_t$ und $\boldsymbol{C}_t^*$ die relativen Rechts-Cauchy-Green-Tensoren von Grundströmung und gestörter Strömung und $\boldsymbol{T}$ und $\boldsymbol{T}^*$ die entsprechenden Reibungsspannungstensoren. Wir setzen dann in Übereinstimmung mit der für die Störungen eingeführten Schreibweise:

$$\boldsymbol{C}'_t = \boldsymbol{C}_t^* - \boldsymbol{C}_t, \qquad \boldsymbol{T}' = \boldsymbol{T}^* - \boldsymbol{T}. \tag{12}$$

Nach (9) und (12) ist

$$\boldsymbol{T}' = \underset{s=0}{\overset{\infty}{\mathfrak{F}}} (\boldsymbol{C}_t + \boldsymbol{C}'_t) - \underset{s=0}{\overset{\infty}{\mathfrak{F}}} (\boldsymbol{C}_t). \tag{13}$$

In der in den Störgrößen linearen Näherung ist (13) für festes $\boldsymbol{C}_t$ ein in $\boldsymbol{C}'_t$ lineares Funktional, das unter den oben

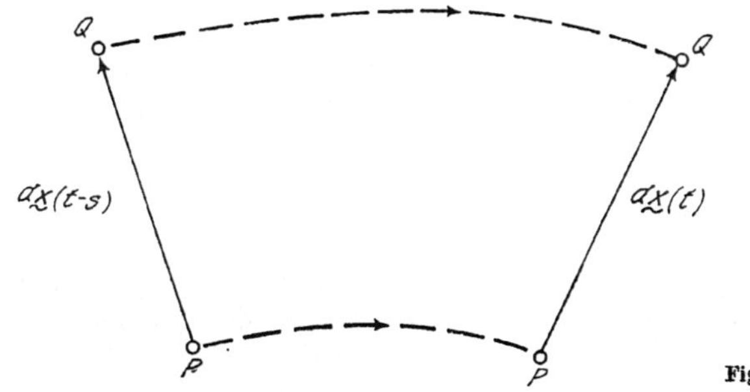

Fig. 1. Zur Bedeutung des relativen Rechts-Cauchy-Green-Tensors $C_t(s)$

gemachten Differenzierbarkeitsannahmen eine Integraldarstellung hat:

$$\tau'_{ik}(\boldsymbol{x}, t) = \int_0^\infty L_{ikmn}(s; \boldsymbol{x}, t)\, C'_{mn}(s; \boldsymbol{x}, t)\, \mathrm{d}s\,. \tag{14}$$

Die Kernfunktionen L_{ikmn} sind Funktionale von $\boldsymbol{C}_t(s)$ und hängen damit außer von s auch über das Grundströmungsfeld von $\boldsymbol{x}$ und t ab; doch wird diese Abhängigkeit im folgenden gewöhnlich nicht mehr explizit angegeben.

Von den sechs Elementen des Störtensors $\boldsymbol{C}'_t(s)$ sind nur fünf voneinander unabhängig. Aus der Konstanz der Flüssigkeitsdichte ϱ folgt nämlich $\det \boldsymbol{C}_t(s) = 1$ und daher auch $\det (\boldsymbol{C}_t(s) + \boldsymbol{C}'_t(s)) = 0$. Hieraus läßt sich ein Element von $\boldsymbol{C}'_t$ durch die fünf anderen algebraisch ausdrücken; da sich die hier skizzierten Überlegungen auf eine in den Störungen lineare Theorie beschränken, ist dieses Element als Linearkombination der fünf anderen Elemente auszudrücken. Analog verhält es sich übrigens mit dem Deformationsgeschwindigkeitstensor $\boldsymbol{D}$; wegen der Kontinuitätsgleichung (1) gilt $D_{11} + D_{22} + D_{33} = 0$, wonach man z. B. D_{11} als Linearkombination ausdrücken kann: $D_{11} = -D_{33} - D_{22}$. Der Tensor der Reibungsspannungen ist in einem Fluid konstanter Dichte durch die Bewegung des Fluids nur bis auf einen unbestimmten kugelsymmetrischen Anteil festgelegt. Damit kann die absolute Größe der drei Normalspannungen keine Rolle spielen; für die Dynamik des Fluids sind in der Tat allein zwei Normalspannungsdifferenzen wichtig. Dem üblichen Brauch folgend werden die beiden folgenden Normalspannungsdifferenzen eingeführt:

$$\sigma_1 := \tau_{11} - \tau_{22}\,, \qquad \sigma_2 := \tau_{22} - \tau_{33}\,. \tag{15}$$

Zur Vereinfachung der Schreibweise werden jetzt fünfdimensionale Vektoren wie folgt definiert:

$$\boldsymbol{c} := \begin{bmatrix} C_{33} \\ C_{22} \\ C_{12} \\ C_{13} \\ C_{23} \end{bmatrix}, \quad \boldsymbol{d} := \begin{bmatrix} D_{33} \\ D_{22} \\ D_{12} \\ D_{13} \\ D_{23} \end{bmatrix}, \quad \boldsymbol{t} = \begin{bmatrix} -\dfrac{\sigma_1 + \sigma_2}{2} \\ -\dfrac{\sigma_1}{2} \\ \tau_{12} \\ \tau_{13} \\ \tau_{23} \end{bmatrix}. \tag{16}$$

Die entsprechenden mit den Störgrößen gebildeten Vektoren werden durch einen Strich gekennzeichnet: $\boldsymbol{c}'$, $\boldsymbol{d}'$, $\boldsymbol{t}'$. Durch einfaches Nachrechnen zeigt man, daß folgendes gilt:

$$\tau'_{ik} d'_{ik} = 2 t'_i d'_i\,. \tag{17}$$

Die für die Stabilität entscheidende Größe (17) läßt sich demnach als Skalarprodukt der Vektoren $\boldsymbol{t}'$ und $\boldsymbol{d}'$ schreiben. Das Stoffgesetz (14) reduziert sich auf

$$t'_i = \int_0^\infty l_{ij}(s)\, c'_j(s)\, \mathrm{d}s \tag{18}$$

mit einer 5×5-Matrix $l_{ij}(s; \boldsymbol{x}, t)$. Wegen des schwindenden Gedächtnisses müssen die Elemente l_{ij} mit $s \to \infty$ verschwinden. Hat das strömende Fluid ein hinreichend „kurzes Gedächtnis", so wird man deshalb die Größen $c'_j(s)$ in (18) durch das erste Glied ihrer Entwicklung nach s ersetzen können. Nach (11) heißt das:

$$c'_j(s) = -2s\, d'_j\,. \tag{19}$$

Einsetzen von (19) in (18) liefert:

$$t'_i = k_{ij} d'_j\,. \tag{20}$$

Die „Stoffmatrix" k_{ij} hängt mit der Matrix l_{ij} wie folgt zusammen:

$$k_{ij}(\boldsymbol{x}, t) = -2 \int_0^\infty l_{ij}(s; \boldsymbol{x}, t)\, s\, \mathrm{d}s\,. \tag{21}$$

Für die Störspannungen t'_j hat man in (20) ein „pseudo-newtonsches" Stoffgesetz erhalten; an die Stelle der Viskosität η der newtonschen Strömung ist die Stoffmatrix k_{ij} getreten. Die weiteren Betrachtungen beschränken sich auf die Stoffgleichung (20). Mit (20) erhält man aus (17):

$$\tau'_{ik} D'_{ik} = 2 t'_i d'_i = 2 k_{ij} d'_i d'_j\,. \tag{22}$$

Um Stabilitätsaussagen zu erhalten, muß man offenkundig die Matrix k_{ij} untersuchen.

3. Kompatibilitätsrelationen

Die Matrixelemente k_{ij} liegen im Prinzip durch das Stoffunktional $\mathfrak{F}$ und das Geschwindigkeitsfeld der Grundströmung fest. Die Schwierigkeit besteht nun darin, daß man ein allgemeines Stoffunktional gar nicht kennt. Man muß deshalb entweder ein spezielles Stoffgesetz einführen, wodurch die Allgemeinheit der zu gewinnenden Aussagen natürlich eingeschränkt wird. Oder man muß das Fehlen eines allgemeinen Stoffunktionals durch andere Informationen kompensieren. Diese zweite Möglichkeit sei nun kurz geschildert.

Der Ausgangspunkt ist die Annahme, daß für ein von n skalaren Parametern $\lambda_1, \lambda_2, \dots, \lambda_n$ abhängiges Geschwindigkeitsfeld $v_i(\boldsymbol{x}, t; \lambda_1, \dots, \lambda_n)$ die Reibungsspannungen vollständig bekannt seien: $\tau_{ik} = \tau_{ik}(\boldsymbol{x}, t; \lambda_1, \dots, \lambda_n)$ Bei einer schwachen Störung eines solchen Geschwindigkeitsfeldes besteht zwischen den Störspannungen und der Störung des Geschwindigkeitsfeldes der Zusammenhang (20). Nun kann man aber ein Feld mit Parameterwerten $\lambda_i + \delta\lambda_i$ selbst als Störung des Feldes mit den Parameterwerten λ_i auffassen; für kleine $\delta\lambda_i$ gilt hierfür:

$$t_i' = \frac{\partial t_i(\boldsymbol{x}, t; \lambda_1, \dots, \lambda_n)}{\partial \lambda_k} \delta\lambda_k, \qquad d_i' = \frac{\partial d_i(\boldsymbol{x}, t; \lambda_1, \dots, \lambda_n)}{\partial \lambda_k} \delta\lambda_k. \tag{23), (24}$$

Setzt man dies in (20) ein, so erhält man wegen der Unabhängigkeit der Variationen $\delta\lambda_k$:

$$\frac{\partial t_i}{\partial \lambda_k} = k_{ij} \frac{\partial d_j}{\partial \lambda_k}, \qquad i = 1, 2, \dots, 5; \qquad k = 1, 2, \dots, n. \tag{25}$$

Diese „Kompatibilitätsrelationen" (25) sind $5n$ lineare Relationen zwischen den Elementen k_{ij}, die selbstverständlich durch lineare Abhängigkeit, oder weil sie sich auf triviale Relationen der Form $0 = 0$ reduzieren, mehr oder weniger redundant sein können. Im besten Fall liefern sie jedoch gerade soviel unabhängige Relationen, daß man aus ihnen die 25 Elemente k_{ij} berechnen kann. In diesem Optimalfall ist die Kenntnis des allgemeinen Stoffunktionals hinsichtlich der Berechnung der k_{ij} ersetzt durch die vollständige Kenntnis der durch die Parameter λ_i gekennzeichneten Klasse von Strömungen. Für diese Klasse von Strömungen sind die k_{ij} dann bekannt.

Kennt man a priori nur ein einziges Geschwindigkeitsfeld $v_i(\boldsymbol{x}, t)$ mit den zugehörigen Spannungen $\tau_{ik}(\boldsymbol{x}, t)$, so kann man sich hieraus leicht eine sechsparametrige Klasse von Feldern beschaffen, indem man den Anfangspunkt des Koordinatensystems um $\boldsymbol{x}_0$ verschiebt und das System außerdem dreht. Zum Geschwindigkeitsfeld

$$\boldsymbol{Q}\boldsymbol{v}(\boldsymbol{Q}(\boldsymbol{x} - \boldsymbol{x}_0), t) \tag{26}$$

gehört dann der Reibungsspannungstensor

$$\boldsymbol{Q}\boldsymbol{T}(\boldsymbol{Q}(\boldsymbol{x} - \boldsymbol{x}_0), t)\, \boldsymbol{Q}^T. \tag{27}$$

Hierbei ist $\boldsymbol{Q}$ die Drehmatrix und $\boldsymbol{Q}^T$ ihre Transponierte. Mit den drei Komponenten von $\boldsymbol{x}_0$ und den drei Drehwinkeln stehen jetzt insgesamt sechs Parameter λ_i zur Verfügung, mit denen man die Kompatibilitätsrelationen (25) anschreiben kann. Dieses Verfahren sei, unter Beschränkung auf eine Drehung ($\boldsymbol{x}_0 = 0$), etwas näher erläutert. Es genügt hierbei, eine kleine Drehung zu studieren, für die sich die Drehmatrix in der folgenden Form schreiben läßt:

$$\boldsymbol{Q} = \begin{bmatrix} 1 & \delta\lambda_1 & \delta\lambda_2 \\ -\delta\lambda_1 & 1 & \delta\lambda_3 \\ -\delta\lambda_2 & -\delta\lambda_3 & 1 \end{bmatrix}. \tag{28}$$

Die $\delta\lambda_i$ haben hier die Bedeutung kleiner Drehwinkel um die Achsen des kartesischen Koordinatensystems. Die Spannungen und die Elemente des Deformationsgeschwindigkeitstensors gehen bei dieser Drehung über in

$$\tau_{ik}^* = Q_{il}Q_{km}\tau_{lm}, \qquad D_{ik}^* = Q_{il}Q_{km}D_{lm}. \tag{29}$$

Zieht man hiervon die Größen τ_{ik} bzw. D_{ik} ab, so erhält man die betreffenden Störgrößen τ_{ik}' und D_{ik}', denn die „gedrehte" Strömung wird als Störung der Ausgangsströmung aufgefaßt. Einfaches Ausrechnen von (29) mit dem Ausdruck (28) für $\boldsymbol{Q}$ zeigt, daß man, unter Verwendung der in (16) eingeführten Vektorsymbolik, das Ergebnis folgendermaßen schreiben kann:

$$\boldsymbol{d}' = (\delta\lambda_1\boldsymbol{R}^{(1)} + \delta\lambda_2\boldsymbol{R}^{(2)} + \varrho\lambda_3\boldsymbol{R}^{(3)})\,\boldsymbol{d}, \tag{30}$$

$$\boldsymbol{t}' = (\delta\lambda_1\boldsymbol{S}^{(1)} + \delta\lambda_2\boldsymbol{S}^{(2)} + \delta\lambda_3\boldsymbol{S}^{(3)})\,\boldsymbol{t}. \tag{31}$$

Die $\boldsymbol{R}^{(i)}$ und $\boldsymbol{S}^{(i)}$ sind 5×5 Matrizen, deren nicht-verschwindende Elemente im folgenden aufgelistet sind:

$$\begin{array}{llllll}
R_{23}^{(1)} = -2, & R_{31}^{(1)} = 1, & R_{32}^{(1)} = 2, & R_{45}^{(1)} = 1, & R_{54}^{(1)} = -1, & \\
R_{14}^{(2)} = -2, & R_{35}^{(2)} = 1, & R_{41}^{(2)} = 2, & R_{42}^{(2)} = 1, & R_{53}^{(2)} = -1, & \\
R_{15}^{(3)} = -2, & R_{25}^{(8)} = 2, & R_{34}^{(3)} = 1, & R_{43}^{(3)} = -1, & R_{51}^{(3)} = 1, & R_{52}^{(8)} = -1, \\
S_{13}^{(1)} = -1, & S_{23}^{(1)} = -2, & S_{32}^{(1)} = 2, & S_{45}^{(1)} = 1, & S_{54}^{(1)} = -1, & \\
S_{14}^{(2)} = -2, & S_{24}^{(2)} = -1, & S_{35}^{(2)} = 1, & S_{41}^{(2)} = 2, & S_{53}^{(2)} = -1, & \\
S_{15}^{(3)} = -1, & S_{25}^{(3)} = +1, & S_{34}^{(3)} = 1, & S_{43}^{(3)} = -1, & S_{51}^{(3)} = 2, & S_{52}^{(3)} = -2.
\end{array} \tag{32}$$

Einsetzen von (30) und (31) in (20) und Koeffizientenabgleich in $\delta\lambda_i$ (die Differentiation nach λ_i entfällt, weil von vornherein in den kleinen Drehungen $\delta\lambda_i$ linearisiert wurde) liefert die folgenden Kompatibilitätsbedingungen:

$$S_{ik}^{(r)}t_k = k_{ij}R_{jl}^{(r)}d_l, \qquad r = 1, 2, 3; \; i = 1, 2, \dots, 5. \tag{33}$$

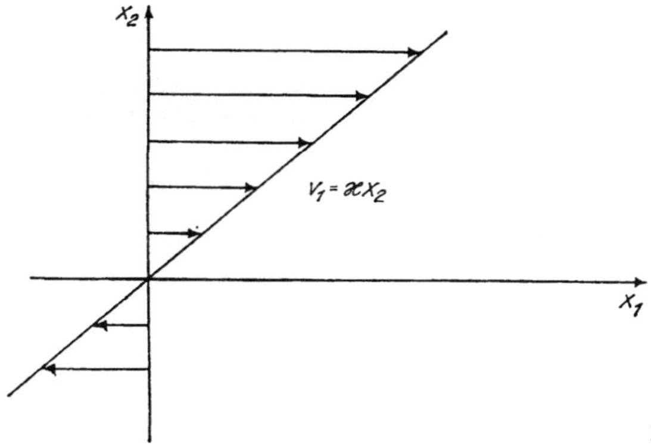

Fig. 2. Einfache Scherströmung

Als spezielles Beispiel sei die in Fig. 2 skizzierte einfache Scherströmung als Grundströmung betrachtet:

$$v_1 = \varkappa x_2 \,, \qquad v_2 = v_3 = 0 \,. \tag{34}$$

Die Größe $\varkappa$ heißt Schergeschwindigkeit. Für diese Strömung wird:

$$\boldsymbol{t} = \begin{bmatrix} -\frac{1}{2}\left(\sigma_1(\varkappa) + \sigma_2(\varkappa)\right) \\ -\frac{1}{2}\,\sigma_1(\varkappa) \\ \tau(\varkappa) \\ 0 \\ 0 \end{bmatrix}, \qquad \boldsymbol{d} = \begin{bmatrix} 0 \\ 0 \\ \varkappa \\ 0 \\ 0 \end{bmatrix}. \tag{35}$$

Die sog. viskometrischen Funktionen $\sigma_1(\varkappa)$, $\sigma_2(\varkappa)$ und $\tau(\varkappa)$ sind für jede Flüssigkeit durch viskometrische Messungen bestimmbar; sie werden als bekannt angenommen [4, 5, 6]. Mit der Schergeschwindigkeit $\varkappa$ hat man dann einen Parameter zur Aufstellung der folgenden Kompatibilitätsrelation zur Verfügung:

$$\frac{\mathrm{d}t_i}{\mathrm{d}\varkappa} = k_{ij}\frac{\mathrm{d}\dot{d}_j}{\mathrm{d}\varkappa}. \tag{36}$$

Wegen der speziellen Form (35) von $\boldsymbol{d}$ ergibt dies sofort

$$k_{i3} = \frac{\mathrm{d}t_i}{\mathrm{d}\varkappa}. \tag{37}$$

Zusammen mit den Relationen (33) genügt dies, um 20 der insgesamt 25 Elemente k_{ij} zu berechnen, d. h. durch die viskometrischen Funktionen auszudrücken, nämlich die Elemente k_{ij} mit $j > 1$. Von den restlichen Elementen k_{ij} müssen k_{41} und k_{51} aus Symmetriegründen null sein; (man kann dies durch 180°-Drehung um die 2- bzw. 3-Achse schließen). Somit verbleiben als unbekannt nur noch k_{11}, k_{21}, k_{31}. Die von null verschiedenen Elemente k_{ij} mit $j > 1$ sind im folgenden zusammengestellt. Die in der Zusammenstellung auftretenden Größen η und η_d haben die folgende Bedeutung:

$$\eta = \frac{\tau}{\varkappa}, \qquad \eta_d = \frac{\mathrm{d}\tau}{\mathrm{d}\varkappa}. \tag{38}$$

Sie werden Viskosität (η) und differentielle Viskosität (η_d) genannt; aus Gründen der Materialstabilität sind sie positiv.

$$k_{12} = \frac{\eta}{2}, \qquad k_{13} = -\frac{1}{2}\frac{\mathrm{d}(\sigma_1 + \sigma_2)}{\mathrm{d}\varkappa}, \qquad k_{22} = \eta\,, \qquad k_{23} = -\frac{\mathrm{d}\sigma_1}{\mathrm{d}\varkappa}, \tag{39}$$

$$k_{32} = \frac{1}{2}\frac{\sigma_1}{\varkappa}, \qquad k_{33} = \eta_d\,, \qquad k_{44} = \eta\,, \qquad k_{45} = \frac{\sigma_1 + \sigma_2}{\varkappa},$$

$$k_{54} = \frac{\sigma_2}{\varkappa}, \qquad k_{55} = \eta\,.$$

Bei einer allgemeinen, stationären viskometrischen Strömung kann man in jedem Punkt des Strömungsfeldes das Koordinatensystem so orientieren, daß $\boldsymbol{t}$ und $\boldsymbol{d}$ die Darstellungen (35), mit dem lokalen Wert der Schergeschwindigkeit $\varkappa$, besitzen [6]. Da der Skalar $\tau'_{ik}D'_{ik}$ von der Orientierung des Koordinatensystems unabhängig ist, hat er auch bei allgemeiner viskometrischer Strömung in jedem Punkt des Strömungsfeldes die durch das obige Koeffizientenschema festgelegte Form. Abschließend sei bemerkt, daß die naheliegende Idee, für ein viskometrisches Strömungsfeld mit ortsveränderlichem $\varkappa$ durch Verschiebung des Koordinatenursprungs ($\boldsymbol{x}_0 \neq 0$) weitere Kompatibilitätsrelationen zu gewinnen, zu nichts anderem als zu Relationen führt, die der Relation (36) äquivalent sind und daher nichts neues bringen.

4. Stabilitätskriterium

Ein allgemeines, hinreichendes Stabilitätskriterium für stationäre viskometrische Grundströmungen — natürlich unter der oben gemachten Voraussetzung „schwachen Gedächtnisses" der Flüssigkeit — läßt sich mit den seitherigen Ergebnissen wegen der Unbestimmtheit der Koeffizienten k_{11}, k_{21}, k_{31} leider nicht herleiten. Dies gelingt nur bei Beschränkung auf ebene Grundströmungen *und* ebene Störungen (in der x_1, x_2-Ebene). In diesem Fall reduziert sich $\tau'_{ik}D'_{ik}$ auf

$$\tau'_{ik}D'_{ik} = 2\eta D'^2_{22} + 2\eta_d D'^2_{12} + \left(\frac{\sigma_1}{\varkappa} - \frac{\mathrm{d}\sigma_1}{\mathrm{d}\varkappa}\right) D'_{12}D'_{22}\,. \tag{40}$$

Diese quadratische Form ist dann positiv definit, wenn

$$16\eta\eta_d > \left(\frac{\sigma_1}{\varkappa} - \frac{\mathrm{d}\sigma_1}{\mathrm{d}\varkappa}\right)^2 \tag{41}$$

bleibt. Diese Stabilitätsbedingung, in die nur die als bekannt vorausgesetzten viskometrischen Funktionen eingehen, wurde in [1, 2, 3] hergeleitet und diskutiert (vgl. auch [5]); die dort gegebene Herleitung zeigt, daß sie hinreichend und notwendig ist. Bei Verletzung der Bedingung (40) gibt es m. a. W. immer ebene Störungen, die in der linearisierten Theorie exponentiell mit der Zeit anwachsen. Es läßt sich übrigens zeigen, daß die Berücksichtigung eines endlichen Gedächtnisses der Flüssigkeit das Ergebnis (41) zwar um einen Zahlenfaktor, aber nicht qualitativ ändert (unveröffentlichte Untersuchungen von U. AKBAY und S. SPONAGEL). Der Einfluß der möglichen Dreidimensionalität der Störungen ist noch nicht vollständig studiert. Frühere Untersuchungen [8] deuten allerdings darauf hin, daß auch die Dreidimensionalität das Stabilitätskriterium qualitativ nicht ändern wird. Das Kriterium (41) besagt übrigens im wesentlichen, daß eine viskometrische Strömung solange stabil ist, als an keiner Stelle in der Strömung das Verhältnis von Normalspannungsdifferenz σ_1 zu Schubspannung τ einen gewissen Grenzwert überschreitet. Für die meisten nicht-newtonschen Flüssigkeiten, für die sich η und η_d nicht um Größenordnungen unterscheiden, liegt dieser Grenzwert in der Nähe von 4. Beobachtungen bei der Extrusion von nicht-newtonschen Flüssigkeiten bestätigen diese theoretische Feststellung gut. Hinsichtlich weiterer Einzelheiten wird auf [1, 2, 3] verwiesen.

Literatur

1 AKBAY, U.; BECKER, E.; KROZER, S.; SPONAGEL, S., Instability of slow viscometric flow, Mechanics Res. Communications 7 (4), 199—204, 1980.
2 AKBAY, U.; BECKER, E.; KROZER, S.; SPONAGEL, S., About a possible cause of viscoelastic turbulence, Proc. 8th Int. Congress on Rheology, 79—84; Neapel 1980.
3 AKBAY, U.; SPONAGEL, S., Über die Stabilität viskometrischer Strömungen, Rheol. Acta 20, 579—590, 1981.
4 BECKER, E.; BÜRGER, W., Kontinuumsmechanik, Teubner; Stuttgart 1975.
5 BÖHME, G.: Strömungsmechanik nicht-newtonscher Fluide, Teubner; Stuttgart 1981.
6 COLEMAN, B. D.; MARKOWITZ, H.; NOLL, W., Viscometric flows of non-Newtonian fluids. Springer; Berlin, Heidelberg, New York 1966.
7 DRAZIN, P. G.; REID, W. H., Hydrodynamic stability. Cambridge University Press; Cambridge, London, New York, New Rochelle, Melbourne, Sidney 1981.
8 GIESEKUS, H., Zur Stabilität von Strömungen viskoelastischer Flüssigkeiten. Rheol. Acta 5, 239, 1966.
9 JOSEPH, D. D., Stability of fluid motions, Vol. I + II. Springer Tracts in Natural Philosophy, Vol. 28. Springer: Berlin, Heidelberg, New York 1976.
10 JOSEPH, D. D., Instability of the rest state of fluids of arbitrary grade greater than one, Arch. Rat. Mech. Anal. 75, 251—256, 1981.
11 TRUESDELL, C.; NOLL, W., Die nichtlinearen Feldtheorien der Mechanik, Handb. d. Phys. III/3. Springer; Berlin, Heidelberg, New York 1965.

Eingereicht am 24. 3. 1982

Anschrift: Prof. Dr. rer. nat. ERNST BECKER, Institut für Mechanik, Technische Hochschule Darmstadt, Hochschulstraße 1, D-6100 Darmstadt, BRD

ZAMM 63, 49 – 54 (1983)

F. Höllinger / F. Ziegler

Instationäre Zufallsschwingungen einer elastischen Gewichtsmauer bei beliebig geformtem Becken

Zur 100. Wiederkehr des Geburtstages, dem Gedenken an Herrn Dr. Dr. h. c. Fr. A. Willers, Professor der Numerischen Mathematik, gewidmet.

Es wird ein Berechnungsverfahren für erdbebenerregte Schwingungen einer linear elastischen Gewichtsmauer (im ebenen Verzerrungszustand) unter Berücksichtigung der Schwingungsinteraktion mit dem zweidimensionalen, linear kompressiblen, reibungsfreien Flüssigkeitskörper in einem beliebig geformten zylindrischen Staubecken vorgestellt. Die Behandlung des ebenen hydrodynamischen Problems erfolgt mittels einer Randintegralgleichungsmethode. Die ebenen Schwingungen zufolge instationärer Zufallserregung werden durch instationäre Spektraldichten beschrieben.

A solution for earthquake excited vibrations of a linear elastic gravity dam (in plane strain) including hydrodynamic interaction with the twodimensional, linear compressible, inviscid fluid body in an arbitrary shaped cylindrical reservoir is presented. The plane hydrodynamic problem is solved by means of a boundary integral equation method. The plane vibrations induced by nonstationary random excitation processes are given by time variant power spectral densities.

Представлен метод рассчёта возбуждённых землетрясением колебаний линейноупругой гравитационной плотины (плоская деформация) с учётом взаимодействия колебаний с двумерным, линейно сжимаемым, невязким жидким телом в цилиндрическом водоёме произвольной формы. Решение плоской гидродинамической задачи даётся методом граничных интегральных уравнений. Плоские колебания вследствие нестационарного случайного возбуждения описаны нестационарной спектральной плотностью.

1. Einleitung

Strenge, harmonische Lösungen für Schwingungsinteraktionsprobleme zwischen elastischen Sperrenkonstruktionen und kompressiblen Flüssigkeitskörpern sind bis jetzt nur für wenige geometrisch regelmäßige, einfache Staubeckenformen gelungen {siehe z. B. [1–3]}. Die Anwendung finiter Elementmethoden zur Lösung des hydrodynamischen Problems {siehe z. B. [4, 5]} ist im allgemeinen in Hinblick auf die numerische Realisierung problematisch. In der vorliegenden Arbeit wird die Flüssigkeit für dieses zweidimensionale Problem mittels einer Randintegralgleichungsmethode behandelt [6, 7]. Die hier vorgestellten Entwicklungen gehen von einer Lösung für das dreidimensionale Schwingungsinteraktionsproblem einer Gewölbemauer mit beliebig geformtem Flüssigkeitskörper aus [8–10].

Zur Lösung des Problems werden zunächst getrennte Entwicklungen zufolge harmonischer Erregung für die ungedämpfte, linear elastische Gewichtsmauer (im ebenen Verzerrungszustand) und dem ungedämpft, linear kompressiblen, beliebig geformten, zylindrischen Flüssigkeitskörper formuliert. Mit Hilfe der Teilsystemtechnik [1] erhält man dann aus den beiden Teillösungen ein die Schwingungsinteraktion voll berücksichtigendes, lineares Gleichungssystem für die zugeordneten verallgemeinerten Lagekoordinaten. Dabei wird eine Entwicklung nach den Eigenvektoren der Gewichtsmauer vorgenommen. Nach numerischer Auswertung für viele, über den technisch interessanten Frequenzbereich kontinuierlich verteilte Erregerfrequenzen können dann die Übertragungsfunktionen beliebiger Systemgrößen angegeben werden. Durch numerische Nullstellensuche der Determinante des Gleichungssystems erhält man auch die Eigenfrequenzen des gekoppelten Schwingungssystems Gewichtsmauer – Flüssigkeit.

Die Lösung wird dann auf das Modell einer schwach geschwindigkeitsproportional, modal gedämpften Sperre und einem weiterhin ungedämpften Flüssigkeitskörper erweitert. Die daraus errechenbaren Frequenzgänge bleiben an den Eigenfrequenzstellen endlich und können somit ohne numerische Schwierigkeiten zur Ermittlung der Schwingungsantwort, hervorgerufen durch spektralverteilte Erregerprozesse, herangezogen werden. Als Erregerprozeß (Bebenerregung) wird ein instationärer Zufallsprozeß gewählt, der durch eine stationäre Spektraldichte, moduliert durch eine deterministische Zeitfunktion, definiert wird. Eine numerisch vorteilhafte Methode zur Ermittlung der sich daraus ergebenden zeitvarianten Spektraldichte und Varianz [11–14] beliebiger Zustandsgrößen wird vorgestellt.

2. Lösung für eine linear elastische Gewichtsmauer zufolge harmonischer Erregung

Obwohl Gewichtsmauern grundsätzlich in Beton ausgeführt werden, erfolgt die Beschreibung derselben unter der Annahme linearer Elastizität, da Beton unter genügend hohen Belastungsgeschwindigkeiten eine Spannungs-Dehnungskennlinie aufweist, die nur unwesentlich von einem linearen Verlauf abweicht [15]. Ferner wird vorausgesetzt, daß die Sperrenkonstruktion, nach erfolgter Diskretisierung auf n Freiheitsgrade, durch eine Massenmatrix $\boldsymbol{m}$ und eine Steifigkeitsmatrix $\boldsymbol{k}$ (im ebenen Verzerrungszustand) vom Range n beschrieben werden kann. Nach Lösung des Eigenwertproblems:

$$|\boldsymbol{k} - \omega^2 \boldsymbol{m}| = 0 , \qquad \omega_k \dots k\text{-te Eigenkreisfrequenz} \tag{1}$$

und Bestimmung der Schwingungsformen durch die zugeordneten Eigenvektoren $\vec{\Phi}_k$ $(1 \leqq k \leqq n)$, kann der Deformationsvektor $\vec{w}$ der Sperrenkonstruktion als Linearkombination der Eigenvektoren $\vec{\Phi}_k$ zeitfrei angeschrieben werden:

$$\vec{w} = \sum_{k=1}^{n} \vec{\Phi}_k q_k + \vec{u} \,, \tag{2}$$

q_k verallgemeinerte Lagekoordinaten, $\vec{u}$ Amplitudenvektor der harmonischen Wegerregung (mit beliebiger Orientierung in der Schwingungsebene).

Die Schwingungsgleichung der nicht hydrodynamisch belasteten, ungedämpften Gewichtsmauer, die in der Erregerfrequenz ν harmonisch wegerregt wird, hat dann die Form:

$$(\boldsymbol{k} - \nu^2 \boldsymbol{m})\, \boldsymbol{\Phi} \vec{q} = \nu^2 \boldsymbol{m} \vec{u} \,. \tag{3}$$

Für das Modell einer schwach geschwindigkeitsproportional, modal gedämpften Gewichtsmauer wird eine Dämpfungsmatrix $\boldsymbol{c}$ eingeführt, die so definiert sein soll, daß sie der Beziehung:

$$C = \boldsymbol{\Phi}^T \boldsymbol{c} \boldsymbol{\Phi} = \begin{pmatrix} 2\zeta_1\omega_1 & 0 & 0 & \dots \\ 0 & 2\zeta_2\omega_2 & 0 & \dots \\ 0 & 0 & 2\zeta_3\omega_3 & \dots \\ \vdots & \vdots & \vdots & \ddots \end{pmatrix}, \tag{4}$$

$\boldsymbol{\Phi}^T$ transponierte Matrix der Eigenvektoren $\vec{\Phi}_k$, ζ_k modaler Dämpfungsparameter, genügt [16]. In der Beziehung (4) ist die Orthonormierung der Eigenvektoren $\vec{\Phi}_k$ bezüglich der modalen Masse $\vec{\Phi}_k^T \boldsymbol{m} \vec{\Phi}_k = 1$ vorausgesetzt. Damit erhält man für die Schwingungsgleichung der gedämpften Sperrenkonstruktion:

$$(\boldsymbol{k} + \nu i \boldsymbol{c} - \nu^2 \boldsymbol{m})\, \boldsymbol{\Phi} \vec{q} = \nu^2 \boldsymbol{m} \vec{u} \,, \qquad i = \sqrt{-1} \,, \tag{5}$$

mit komplexen verallgemeinerten Lagekoordinaten q_k.

3. Lösung für einen ebenen, linear kompressiblen Flüssigkeitskörper zufolge harmonischer Randerregung

Es wird ein zweidimensionaler Flüssigkeitskörper mit beliebig geformter Randkonfiguration und einer freien Oberfläche betrachtet. Die barotrope Flüssigkeit wird als reibungsfrei und linear kompressibel vorausgesetzt. Aufgrund der harmonischen Randerregung muß die hydrodynamische Druckfunktion p der HELMHOLTZgleichung genügen:

$$\Delta p + k^2 p = 0 \,, \qquad k = \frac{\nu}{c_{FL}} \,, \tag{6}$$

wobei Δ für den zweidimensionalen LAPLACE-Operator steht und c_{FL} die Longitudinalwellengeschwindigkeit in der Flüssigkeit bezeichnet. Für eine harmonische Wegerregung des Randes mit der Amplitudenfunktion $\overline{w}$ in der Erregerfrequenz ν erhält man unter Vernachlässigung von Wandreibungseffekten aus der EULERschen Bewegungsgleichung für den Druckgradienten in Richtung der Randnormalen die inhomogene NEUMANNsche Randbedingung:

$$\frac{\partial p}{\partial n} = \varrho_{FL} \nu^2 \overline{w}_n \,, \tag{7}$$

ϱ_{FL} Dichte der Flüssigkeit, $\overline{w}_n$ Normalkomponente der Amplitudenfunktion der Randverschiebung.

Die Randbedingung an der freien Oberfläche wird näherungsweise an der ebenen Oberfläche $(z = 0)$ formuliert. Man erhält eine homogene DIRICHLETsche Randbedingung:

$$p|_{z=0} = 0 \,, \tag{8}$$

und vernachlässigt damit den Einfluß der Oberflächenwellen. Mit Hilfe der dritten GREENschen Identität wird für den hydrodynamischen Druck eine Randintegralgleichung formuliert [7, 17]:

$$\oint_{\Gamma} \left[G(\vec{r}, \vec{r}_0) \frac{\partial p}{\partial n_0} - p(\vec{r}_0) \frac{\partial G(\vec{r}, \vec{r}_0)}{\partial n_0} \right] \mathrm{d}s = \begin{cases} p(\vec{r}) \dots \vec{r} \in A \\ 0 \dots \vec{r} \notin A \end{cases} , \tag{9}$$

$\vec{r}$ Ortsvektor zum Bildpunkt, $\vec{r}_0$ Ortsvektor zum Quellpunkt. A bezeichnet den durch die Berandungslinie Γ umschlossenen zylindrischen Flüssigkeitskörper. Die Randnormale n ist positiv nach außen definiert. Die quellenmäßig dargestellte GREENsche Funktion ist Lösung der inhomogenen HELMHOLTZgleichung:

$$\Delta G(\vec{r}, \vec{r}_0) + k^2 G(\vec{r}, \vec{r}_0) = -\delta(\vec{r} - \vec{r}_0) \,, \qquad \int_A \delta(\vec{r} - \vec{r}_0)\, \mathrm{d}A_0 = \begin{cases} 1 \dots \vec{r} \in A \\ 0 \dots \vec{r} \notin A \end{cases} . \tag{10}$$

Wählt man für die GREENsche Funktion eine Halbraumfunktion, die an der freien Oberfläche $(z = 0)$ der DIRICHLETschen Randbedingung genügt, so ist in Gleichung (9) die Integration nur mehr über die nicht zur freien Oberfläche gehörige Berandungslinie auszuführen. In Hinblick auf die im weiteren folgenden Entwicklungen wird die Erregeramplitudenfunktion $\overline{w}$ als reelle Funktion, definiert. Damit erhält man für den hydrodynamischen Druck p ebenfalls eine reelle Funktion, und es ist daher ausreichend, mit einer reellen GREENschen Halbraumfunktion die Lösung der Randintegralgleichung vorzunehmen:

$$G(\vec{r}, \vec{r}_0) = -\tfrac{1}{4} \left[Y_0(k\varrho) - Y_0(k\varrho') \right] , \qquad \varrho = |\vec{r} - \vec{r}_0| \,, \qquad \varrho' = f(\varrho) = (\varrho^2 + 4zz_0)^{1/2} , \tag{11}$$

Y_0 Besselfunktion nullter Ordnung zweiter Art. ϱ' steht für den Betrag des Vektors vom Spiegelquellpunkt, der durch Spiegelung des Quellpunktes an der freien Oberfläche ($z = 0$) entsteht, zum Bildpunkt.

Für eine komplexe Erregeramplitudenfunktion $\overline{w}$ ist die Greensche Funktion aus Hankelfunktionen zu bilden.

Es wird nun die Berandungslinie des Flüssigkeitskörpers Γ_1 (ohne freie Flüssigkeitsoberfläche Γ_0) durch einen Polygonzug von m geraden Linienelementen Δs_j approximiert. Für diese Elemente wird die Näherung eingeführt, daß der hydrodynamische Druck und Druckgradient im Halbierungspunkt konstant sein soll über das gesamte Linienelement Δs_j. Formuliert man nun für die aus dieser Idealisierung folgenden m unbekannten hydrodynamischen Druckgrößen p_j $(1 \leqq j \leqq m)$ mit Berücksichtigung der Randbedingung (7) jeweils eine Gleichung (9), so erhält man ein lineares Gleichungssystem vom Range m, das die Lösung des betrachteten hydrodynamischen Problems auf numerisch einfache Art gestattet:

$$\boldsymbol{C}\vec{p} = \vec{Z}\,, \tag{12}$$

$$C_{ij} = \begin{cases} \dfrac{1}{2} - \dfrac{k}{4} \dfrac{\partial \varrho_j'}{\partial n_{0j}} Y_1(k\varrho_j')\, \Delta s_j, & \ldots i = j\,, \\ \dfrac{k}{4} \Delta s_j \left[\dfrac{\partial \varrho_j}{\partial n_{0j}} Y_1(k\varrho_j) - \dfrac{\partial \varrho_j'}{\partial n_{0j}} Y_1(k\varrho_j')\right], & \ldots i \neq j\,, \end{cases}$$

$$Z_i = \frac{1}{4} \sum_{\substack{j=1 \\ i \neq j}}^{m} \frac{\partial p(\vec{r}_{0j})}{\partial n_{0j}} \left[Y_0(k\varrho_j) - Y_0(k\varrho_j')\right] \Delta s_j + \frac{\partial p(\vec{r}_{0j})}{\partial n_{0j}} \Delta s_j \left[\frac{1}{2\pi}\left(\ln \frac{k\Delta s_j}{4} + \gamma - 1\right) - \frac{1}{4} Y_0(k\varrho_j')\right]_{j=i},$$

$$\gamma = 0{,}577216\,.$$

Die über die Linienelemente Δs_j erstreckten Integrale über die Green'sche Funktion und deren Ableitung werden im allgemeinen mit der Rechteckformel ausgewertet. In den Nachbarintervallen des Bildpunktes jedoch ist eine genauere Integration erforderlich. Insbesondere werden die Singularitäten analytisch integriert, für Details wird auf [6] verwiesen.

4. Interaktionslösung (Sperre — Flüssigkeit) für eine harmonisch erregte Gewichtsmauer

Es gilt nun, die beiden in Abschnitt 2 und 3 entwickelten Teillösungen über die Kopplungsbedingungen an der gemeinsamen Berandungslinie der Sperre und der Flüssigkeit zu einer Interaktionslösung zu verarbeiten. Dies geschieht mit Hilfe der sogenannten Teilsystemtechnik [1]. Dazu werden alle Schwingungsgrößen nach den Schwingungsformen $\vec{\Phi}_k$, Gl. (1), der nicht hydrodynamisch belasteten Gewichtsmauer entwickelt. Dies ist zulässig, da die Matrix $\boldsymbol{\Phi}$ dieser Eigenvektoren immer ein vollständiges Orthogonalsystem bildet. Setzt man nun für die Erregeramplitudenfunktion $\overline{w}$ des ebenen Flüssigkeitskörpers für die an die Sperre angrenzende Berandungslinie die Werte des Eigenvektors $\vec{\Phi}_k$ und im Bereich des Überganges Flüssigkeit — Boden $\overline{w} = 0$, so kann für jede Erregerkreisfrequenz ν die dem Eigenvektor $\vec{\Phi}_k$ zugeordnete hydrodynamische Drucklösung an der Sperre $\vec{P}_k$ berechnet werden. Aus diesen Ergebnissen wird dann die der Matrix $\boldsymbol{\Phi}$ zugeordnete hydrodynamische Belastungsmatrix $\boldsymbol{P}$ der Sperrenkonstruktion gebildet. Damit erhält man für das Interaktionsproblem der harmonisch wegerregten, ungedämpften Gewichtsmauer das Gleichungssystem:

$$(\boldsymbol{k} - \nu^2 \boldsymbol{m})\, \boldsymbol{\Phi} \vec{q} = \nu^2 \boldsymbol{m} \vec{u} + \boldsymbol{P} \vec{q} + \vec{P}_u\,, \tag{13}$$

wobei der Vektor $\vec{P}_u$ für den dem Starrkörperverschiebungsanteil der Gewichtsmauer entsprechenden hydrodynamischen Belastungsvektor steht. Für die schwach geschwindigkeitsproportional gedämpfte Gewichtsmauer erhält man analog:

$$(\boldsymbol{k} + i\nu \boldsymbol{c} - \nu^2 \boldsymbol{m})\, \boldsymbol{\Phi} \vec{q} = \nu^2 \boldsymbol{m} \vec{u} + \boldsymbol{P} \vec{q} + \vec{P}_u\,. \tag{14}$$

Normalerweise wird man aber zur Lösung des Interaktionsproblems nur eine kleine Anzahl $\overline{n} \ll n$ von Eigenvektoren des Eigenwertproblems (1) heranziehen. Um nach dieser Reduktion wiederum eine quadratische Koeffizientenmatrix zur Bestimmung der verallgemeinerten Lagekoordinaten $\vec{q}$ zu erhalten, wird das bekannte Verfahren des Orthogonalisierens angewendet, und die Gln. (13, 14) wurden mit $\boldsymbol{\Phi}^T$ multipliziert. Für das ungedämpfte Interaktionsproblem erhält man dann das lineare Gleichungssystem vom Range $\overline{n}$:

$$\boldsymbol{A} \vec{q} = \vec{B}\,, \tag{15}$$

$$A_{kl} = \begin{cases} (\omega_k^2 - \nu^2) - \vec{\Phi}_k^T \vec{P}_l\,, & \ldots k = l\,, \\ -\vec{\Phi}_k^T \vec{P}_l\,, & \ldots k \neq l\,, \end{cases} \qquad B_k = \nu^2 \vec{\Phi}_k^T \boldsymbol{m} \vec{u} + \vec{\Phi}_k^T \vec{P}_u\,.$$

Das Interaktionsproblem der gedämpften Sperrenkonstruktion, Gl. (14), führt bei Berücksichtigung von $\overline{n}$ Eigenvektoren $\vec{\Phi}_k$ auf ein Gleichungssystem vom Range $2\overline{n}$, da nun die verallgemeinerten Lagekoordinaten q_k komplex angesetzt werden müssen:

$$\boldsymbol{A}^* \vec{q}^{\,*} = \vec{B}^*\,, \qquad q_k = q_k^* + i q_{k+\overline{n}}^*\,, \qquad 1 \leqq k \leqq \overline{n}\,, \tag{16}$$

$$\boldsymbol{A}^* = \begin{pmatrix} \boldsymbol{A} & -\nu \boldsymbol{C} \\ \nu \boldsymbol{C} & \boldsymbol{A} \end{pmatrix}, \qquad \vec{B}^* = \begin{pmatrix} \vec{B} \\ \vec{0} \end{pmatrix}.$$

Die Koeffizientenmatrix A^* läßt sich durch vier Teilmatrizen, Gln. (4, 15) vom Range $\bar{n}$ darstellen, der Störvektor $\vec{B}^*$ durch den Vektor $\vec{B}$, Gl. (15), und einen Nullvektor vom Range $\bar{n}$. Damit kann das ebene Interaktionsproblem einer harmonisch erregten, linear elastischen Gewichtsmauer mit der linear kompressiblen Flüssigkeit in einem beliebig geformten Staubecken sowohl ungedämpft als auch für das beschriebene Dämpfungsmodell für beliebige Erregerfrequenzen numerisch ausgewertet werden. Nach Bestimmung der verallgemeinerten Lagekoordinaten können alle interessierenden Zustandsgrößen der Sperre und der Flüssigkeit durch einfache und bekannte Beziehungen ermittelt werden.

5. Lösung des Interaktionsproblems bei instationärer Zufallserregung

Es gilt zunächst, einen instationären Zufallserregerprozeß an eine Erdbebenerregung anzupassen. Dazu wird die Klasse der Enveloppenprozesse [11, 14] gewählt. Es sei ein stationärer Zufallsprozeß $x_s(t)$ mit Mittelwert null gegeben, der durch die Spektraldichte $S_{xx}(\omega)$ bestimmt sein soll. Diese Zufallsfunktion wird durch eine deterministische Zeitfunktion $\varphi(t)$ moduliert, die zum Zeitpunkt $t = 0$ das Erdbebenereignis aufschaltet und im weiteren zeitveränderlich gestaltet:

$$x(t) = \varphi(t)\, x_s(t)\,. \tag{17}$$

Es wird nun vorausgesetzt, daß das Interaktionsproblem „gedämpfte Gewichtsmauer — Flüssigkeit", Gl. (16), für viele, über den technisch interessanten Frequenzbereich kontinuierlich verteilte Erregerfrequenzen numerisch ausgewertet sei. Ausgehend von diesen Übertragungsfunktionen $H(i\nu)$ und dem in Gl. (17) definierten Erregerprozeß kann dann nach PRIESTLEY [11] eine zeitabhängige Spektraldichte für die jeweils betrachtete Zustandsgröße $y(t)$ errechnet werden:

$$S_{yy}(t, \omega) = G(t, \omega)\, \overline{G(t, \omega)}\, S_{xx}(\omega) \tag{18}$$

g(t, ω) zeitabhängige Modulierfunktion, $\overline{G(t, \omega)}$ konjugiert komplexe Funktion zu $G(t, \omega)$.

Die Funktion $G(t, \omega)$ wird durch die Gleichung

$$G(t, \omega) = \int_0^t \varphi(t - \tau)\, h(\tau)\, e^{-i\omega\tau}\, d\tau\,, \qquad h(\tau) = \frac{1}{2\pi} \int_{-\infty}^{\infty} H(i\nu)\, e^{i\nu\tau}\, d\nu\,, \tag{19}$$

bestimmt. Diese Darstellung, die die Auswertung der Impulsantwort durch eine punktweise, über einen begrenzten Bereich gegebene Übertragungsfunktion erfordern würde, ist jedoch numerisch ungünstig. Durch eine Umformung erhält man für die Modulierfunktion die Form:

$$G(t, \omega) = \frac{1}{2\pi} \int_{-\infty}^{\infty} H(i\nu)\, F(t, \omega, \nu)\, d\nu\,, \qquad F(t, \omega, \nu) = \int_0^t e^{i(\nu-\omega)\tau} \varphi(t - \tau)\, d\tau\,, \tag{20}$$

deren numerische Auswertung keinerlei Probleme mehr bereitet, zumal auch die Funktion $F(t, \omega, \nu)$ für die in der Literatur üblichen Ansätze für die deterministische Zeitfunktion $\varphi(t)$ immer analytisch geschlossen angegeben werden kann. Die Autokorrelationsfunktion der Antwortgröße $y(t)$ ist dann aus der Gleichung

$$R_{yy}(s, t) = \int_{-\infty}^{\infty} e^{i\omega(s-t)}\, G(s, \omega)\, \overline{G(t, \omega)}\, S_{xx}(\omega)\, d\omega \tag{21}$$

auszuwerten. Aufgrund der Linearität des betrachteten Schwingungssystems Sperre — Flüssigkeit und bei Annahme eines GAUSS-Prozesses mit Mittelwert null für den Eingangsprozeß ist auch der Ausgangsprozeß wiederum normalverteilt mit Mittelwert null und durch die Kenntnis der Autokorrelationsfunktion, Gl. (21), bereits vollkommen bestimmt.

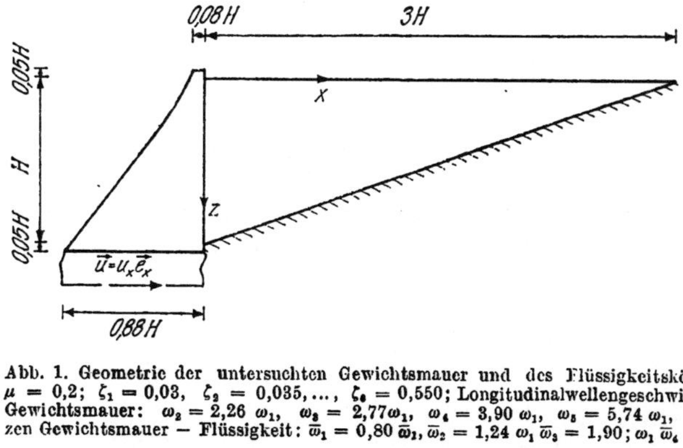

Abb. 1. Geometrie der untersuchten Gewichtsmauer und des Flüssigkeitskörpers; Materialdaten der Gewichtsmauer: $E = 3 \times 10^7$ kN/m², $\mu = 0{,}2$; $\zeta_1 = 0{,}03$, $\zeta_2 = 0{,}035, \ldots, \zeta_6 = 0{,}550$; Longitudinalwellengeschwindigkeit der Flüssigkeit: $c_{FL} = 1484$ m/s; Eigenkreisfrequenzen der Gewichtsmauer: $\omega_2 = 2{,}26\,\omega_1$, $\omega_3 = 2{,}77\omega_1$, $\omega_4 = 3{,}90\,\omega_1$, $\omega_5 = 5{,}74\,\omega_1$, $\omega_6 = 6{,}03\,\omega_1$; für $H = 150$ m, $\omega_1 = 16{,}87$ s^{-1}; Eigenkreisfrequenzen Gewichtsmauer — Flüssigkeit: $\bar{\omega}_1 = 0{,}80\,\bar{\omega}_1$, $\bar{\omega}_2 = 1{,}24\,\omega_1$ $\bar{\omega}_3 = 1{,}90$; ω_1 $\bar{\omega}_4 = 2{,}25\,\omega_1$; erste Eigenkreisfrequenz der Flüssigkeit: $\omega_{FL_1} = 1{,}16\,\omega_1$

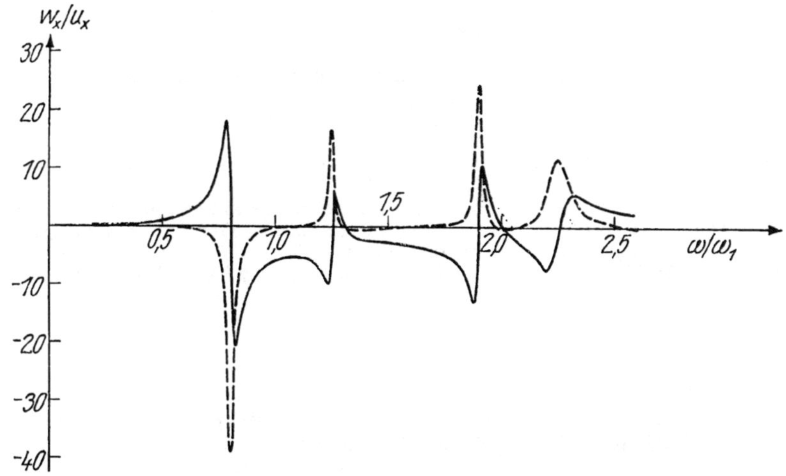

Abb. 2. Übertragungsfunktion für die horizontale Relativverschiebungskomponente des Mauerkronenpunktes ($x = 0$, $z = -0{,}05H$) für horizontale Wegerregung der gedämpften Gewichtsmauer; (———) Realteil, (— — —) Imaginärteil

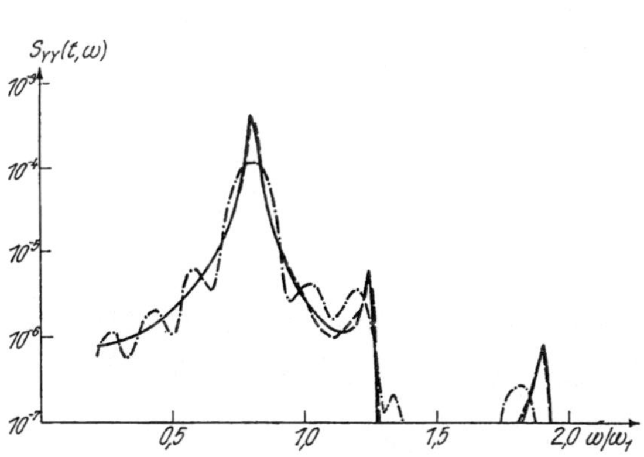

Abb. 3. Instationäre Spektraldichte, in $[m^2 s]$, der horizontalen Verschiebungskomponente des Mauerkronenpunktes $\{x = 0, z = -7,5\,\text{m}, (H = 150\,\text{m})\}$. Als Erregerprozeß wird farbiges Rauschen (weißes Rauschen in der Beschleunigung wird durch einen Einmasseschwinger moduliert; $\zeta_E = 0{,}6$, $\omega_E = 4\pi\,\text{s}^{-1}$; $\sigma_{\ddot{x}} = 0.05\,\text{g}$, g Fallbeschleunigung) für die Bodenbeschleunigung $\ddot{u}_x$ der Gewichtsmauer gewählt, der zum Zeitpunkt $t = 0$ aufgeschaltet wird; (—·—·—) $t = 2{,}5$ s, (— — —) $t = 10$ s; (———) stationäre Lösung ($t \to \infty$)

6. Numerisches Beispiel

Ein Sperrensystem nach Abb. 1 wird numerisch ausgewertet. Die Lösung des Eigenwertproblems, Gl. (1), erfolgt mittels des FEM-Programmsystems SAP IV. Für die hydrodynamische Lösung wird ein Diskretisierungsnetz von 40 Linienelementen gewählt. Das Interaktionsproblem wird unter Berücksichtigung der ersten sechs Eigenschwingungsformen der Gewichtsmauer gelöst. Neben den Eigenfrequenzen wird als Beispiel die Übertragungsfunktion der Horizontalverschiebungskomponente des flüssigkeitsseitigen Mauerkronenpunktes zufolge horizontaler Fußpunkterregung der Gewichtsmauer in Abb. 2 dargestellt. Ferner sind in Abb. 3 instationäre Spektraldichten derselben Zustandsgröße hervorgerufen durch farbiges Rauschen als Erregerprozeß, der zum Zeitpunkt $t = 0$ mittels einer Heavisideschen Sprungfunktion aufgeschaltet wird, angegeben. Mit Hilfe eines FORTRAN-Programmes wurden die numerischen Berechnungen auf der Rechenanlage CYBER 74 der TU-Wien durchgeführt. Für die zur Verfügung gestellte Rechenzeit wird dem Rechenzentrum der TU-Wien gedankt.

Literatur

1 Chakrabarti, P.; Chopra, A. K., Earthquake Analysis of Gravity Dams Including Hydrodynamic Interaction, Earthquake Engineering and Structural Dynamics, Vol. 2, (1973), 143—160.
2 Höllinger, F., Zur Interaktion einer schwingenden, elastischen Platte mit der Flüssigkeit in einem Rechteckbecken, ZAMM 61, (1981), T 43—T 45.
3 Porter, C. S.; Chopra, A. K., Dynamic Analysis of Simple Arch Dams Including Hydrodynamic Interaction, Earthquake Engineering and Structural Dynamics, Vol. 9, (1981), 573—597.
4 Saini, S. S.; Bettess, P.; Zienkiewicz, O. C., Coupled Hydrodynamic Response of Concrete Gravity Dams Using Finite and Infinite Elements, Earthquake Engineering and Structural Dynamics, Vol. 6, (1978), 363—374.
5 Nath, B., Hydrodynamic Pressure on Arch Dams — By a Mapping Finite Element Method, Earthquake Engineering and Structural Dynamics, Vol. 9, (1981), 117—131.
6 Höllinger, F., Eine Lösung für das ebene Schwingungsinteraktionsproblem einer Gewichtsmauer mit beliebig geformtem, gefülltem Becken, ZAMM 63, (1983).
7 Junger, M. C., Normal Modes of Submerged Plates and Shells, In: Fluid-Solid Interaction, American Society of Mechanical Engineers, New York, (1967), 79—119.
8 Höllinger, F., Bebenerregte Schwingungen elastischer Sperrenkonstruktionen, Dissertation TU-Wien, (1982).
9 Höllinger, F., Ein Randintegralgleichungsverfahren für Flüssigkeitsschwingungen in beliebig geformten Staubecken mit elastischen Sperrenkonstruktionen, ZAMM 62, (1982) T 46—T 48.

10 HÖLLINGER, F., Harmonical and Nonstationary Vibrations of Dam-Reservoir-Systems, Acta Mechanica, in press (1983).
11 PRIESTLEY, M. B., Power Spectral Analysis of Non-stationary Random Processes, Journal of Sound and Vibration, Vol. 6 (1)' (1967), 86—97.
12 PARKUS, H., Überschwappwahrscheinlichkeit für einen Flüssigkeitsbehälter unter Erdbebeneinwirkung, Ingenieur-Archiv, Band 49, Heft 3, (1980), 179—185.
13 VANMARKE, E. H., Structural Response to Earthquakes, In: Seismic Risks and Engineering Decisions, editors: C. LOMNITZ, E. ROSENBLUETH, Amsterdam-Oxford-New York, (1976), 287—337.
14 GROSSMAYER, R., Aseismic Reliability and First-Passage Failure, In: Random Excitation of Structures by Earthquakes and Atmospheric Turbulence, editor: H. PARKUS, Springer-Verlag, (1977), 110—200.
15 WIELAND, M., State-of-the-Art — Report über das dynamische Verhalten von Staumauern und von Staumauerbeton während Erdbeben, Nr. 24, Mitteilungen der Versuchsanstalt für Wasserbau, Hydrologie und Glaziologie der ETH-Zürich, (1977), 150—170
16 CLOUGH, R. W.; PENZIEN, J., Dynamics of Structures, McGraw-Hill Book Comp., (1975), 195—199.
17 PAO, Y. H.; MOW, C. C., Diffraction of Elastic Waves and Dynamic Stress Concentration, Crane Russak & Comp. (1973), 141 to 171.

Eingereicht am 28. 4. 1982

Anschrift: Dipl. Ing. Dr. techn. FRIEDRICH HÖLLINGER, o. Univ. Prof. Dipl. Ing. Dr. techn. FRANZ ZIEGLER, Institut für Allgemeine Mechanik, Technische Universität Wien, Karlsplatz 13, A-1040 Wien, Austria

ZAMM 63, 55–62 (1983)

H. NEUBER

Zur Spannungskonzentration in beliebig dicken Platten

Zum 100. Geburtstag von FR. A. WILLERS

Das Problem des kreisförmigen Loches mit geradlinigem Schlitz wird sowohl für die Kirchhoffsche als auch für die Reissnersche Plattentheorie gelöst. Aus beiden Ergebnissen wird eine Näherungsformel für die Erfassung des Einflusses der Plattendicke auf die Spannungskonzentration in gekerbten Platten aufgestellt.

The problem of the circular hole with a straight slit is solved for the plate theories of Kirchhoff and Reissner. The results are used for constituting an approximate formula which allows to regard the influence of the plate thickness on the stress concentration in notched plates.

Задача о круглом отверстии с прямолинейным надрезом решена в предположении теории пластин как Кирхгофа так и Райснера. На основе обоих результатов выводятся приближённую формулу для учёта влияния толщины пластины на концентрацию напряжений в пластинах с надрезом.

1. Einführung und Übersicht

Für die Berechnung der Spannungsverteilung in Platten stehen im wesentlichen zwei Näherungstheorien zur Verfügung, die auf KIRCHHOFF [1] zurückgehende Theorie der mittelstarken Platte und die von REISSNER [2] mit Hilfe des Extremalprinzips aufgestellte Theorie der beliebig dicken Platte. Beide Lösungswege zeigen für die praktische Anwendung Nachteile. Die KIRCHHOFFsche Theorie führt zwar auf ein Verfahren mit biharmonischen Funktionen, das nicht schwieriger ist als das Verfahren der AIRYschen Funktion bei Scheibenproblemen, jedoch wird von den drei Randbedingungen der Platte nur eine exakt erfüllt. Die restlichen beiden Randbedingungen, die sich auf die Querkraft und das Schermoment beziehen, werden nach THOMSON u. TAIT [3] durch eine Bedingung ersetzt, die mit einer statisch äquivalenten Ersatzquerkraft in Zusammenhang steht. Dadurch bleibt der Gültigkeitsbereich der Ergebnisse auf dünne Platten beschränkt. Bei der REISSNERschen Theorie sind alle drei Randbedingungen erfüllbar; außer den biharmonischen Funktionen werden aber noch Lösungen der HELMHOLTZschen Differentialgleichung erforderlich, wodurch die Erfüllung der Randbedingungen sehr erschwert wird. Als einziges Randwertproblem gab REISSNER die Lösung für das kreisförmige Loch (Problem I) an [2]. Eine genauere (dreidimensionale) Lösung dieses Problems wurde später mit einem verhältnismäßig großen analytischen Aufwand (mit speziellen FOURIER-Reihen) durch ALBLAS [4] gegeben; an die Stelle der bei REISSNER auftretenden charakteristischen Konstanten $\sqrt{10}$ tritt bei ALBLAS die Zahl π.

Nachstehend wird mittels der erwähnten Theorien ein für Vorgänge der Spannungskonzentration typisches Randwertproblem näherungsweise gelöst: Das kreisförmige Loch mit einem bis zum äußeren Rand führenden geradlinigen Schlitz (Problem II, offene Kerbe, Bild 1). Das Ergebnis ermöglicht die Aufstellung einer Näherungsformel zur Erfassung des Dickeneinflusses.

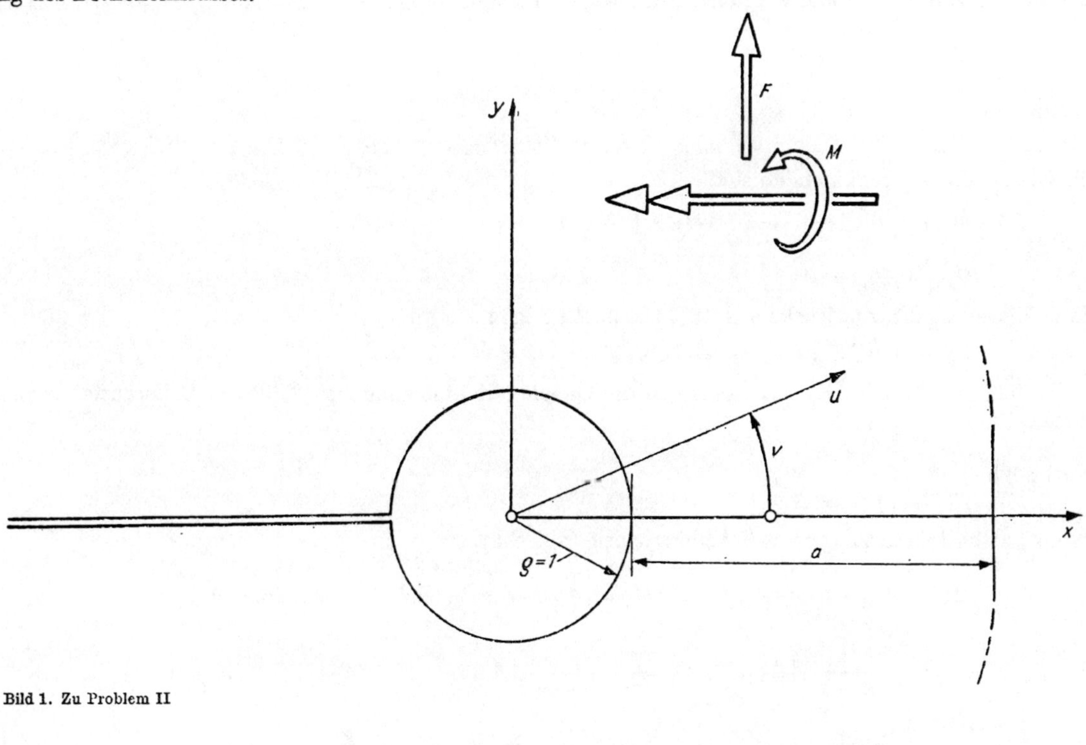

Bild 1. Zu Problem II

2. Ausgangsgleichungen

Da der Faktor der Spannungskonzentration für die extrem dicke Platte bei Biegung in den Faktor der Spannungskonzentration für die zugbeanspruchte Scheibe übergeht, wird neben dem Lösungsschema der beiden Plattentheorien auch jenes für die Scheibe angegeben. Mit x, y als Koordinaten der Platten- bzw. Scheibenmittelfläche und z als Koordinate senkrecht zu beiden seien die Verschiebungen mit V_x, V_y, V_z, die Spannungen mit $\sigma_x, \sigma_y, \sigma_z, \tau_{xy}, \tau_{yz}, \tau_{zx}$ bezeichnet. Die Polarkoordinaten u, v seien durch die Gleichungen $x = u \cos v$, $y = u \sin v$ definiert. Die Biegemomente seien mit M_x bzw. M_y bezeichnet, wobei M_x aus den Spannungen σ_x und M_y aus σ_y hervorgeht. Das Schermoment sei mit M_{xy} bezeichnet (erzeugt durch τ_{xy}). Die Plattenquerkräfte sind Q_x (durch τ_{xz}) und Q_y (erzeugt durch τ_{yz}). Bei den entsprechenden Komponenten in Polarkoordinaten treten die Indizes u bzw. v an die Stelle der Indizes x bzw. y.

2.1. Schema für die dünne Platte (Kirchhoff)

Mit δ als Plattendicke gelten die Ansätze:

$$\sigma_x = 12 M_x z/\delta^3\,, \qquad \sigma_y = 12 M_y z/\delta^3\,, \qquad \tau_{xy} = 12 M_{xy} z/\delta^3\,, \tag{2.1}$$

$$\tau_{xz} = Q_x\left(\frac{3}{2\delta} - \frac{6z^2}{\delta^3}\right), \qquad \tau_{yz} = Q_y\left(\frac{3}{2\delta} - \frac{6z^2}{\delta^3}\right); \qquad V_z = W(x, y)\,. \qquad (2.2), (2.3)$$

Da bei dem hier behandelten Problem die Ober- und Unterfläche der Platte unbelastet bleiben, gilt ferner

$$\sigma_z = 0\,. \tag{2.4}$$

Die Spannungs-Dehnungsgleichungen reduzieren sich auf [mit der Schreibweise $(..)_{,x} = \partial/\partial x\,(..)$ usw.]

$$E V_{x,x} = \sigma_x - \nu\sigma_y\,, \qquad E V_{y,y} = \sigma_y - \nu\sigma_x\,, \qquad E(V_{x,y} + V_{y,z}) = 2(1+\nu)\,\tau_{xy}\,, \tag{2.5}$$

$$E(V_{x,z} + W_{,x}) = (1+\nu)\,Q_x\left(\frac{3}{\delta} - \frac{12z^2}{\delta^3}\right), \quad E(V_{y,z} + W_{,y}) = (1+\nu)\,Q_y\left(\frac{3}{\delta} - \frac{12z^2}{\delta^3}\right). \tag{2.6}$$

Für die Dehnung in z-Richtung würde noch der Betrag

$$-\frac{\nu}{E}(\sigma_x + \sigma_y) \approx 0 \tag{2.7}$$

übrig bleiben, der vernachlässigt wird. Außerdem werden in (2.6) die rechten Seiten vernachlässigt, so daß durch Integration

$$V_x = -z W_{,x}\,, \qquad V_y = -z W_{,y} \tag{2.8}$$

folgen. Durch Einsetzen in (2.5) folgen nach Umformung

$$\left.\begin{aligned} &\sigma_x(1-\nu^2) = Ez(-W_{,xx} - \nu W_{,yy})\,, \qquad \sigma_y(1-\nu^2) = Ez(-W_{,yy} - \nu W_{,xx})\,,\\ &\tau_{xy}(1+\nu) = -Ez W_{,xy}\,. \end{aligned}\right\} \tag{2.9}$$

Nach Einsetzen in (2.1) und Einführung der sogen. Plattensteifigkeit

$$B = \frac{E\delta^3}{12(1-\nu^2)} \tag{2.10}$$

folgen:

$$M_x = B(-W_{,xx} - \nu W_{,yy})\,, \qquad M_y = B(-W_{,yy} - \nu W_{,xx})\,, \qquad M_{xy} = -B(1-\nu)\,W_{,xy}\,. \tag{2.11}$$

Die Gleichgewichtsbedingungen sind

$$M_{x,x} + M_{xy,y} = Q_x\,, \qquad M_{y,y} + M_{xy,x} = Q_y \tag{2.12}$$

und

$$Q_{x,x} + Q_{y,y} = 0\,. \tag{2.13}$$

Nach Einsetzen der Ausdrücke aus (2.11) in (2.12) folgen

$$Q_x = -B\Delta W_{,x}\,, \qquad Q_y = -B\Delta W_{,y}\,. \tag{2.14}$$

Schließlich ergibt sich durch Einsetzen in die Gleichgewichtsbedingung (2.13) die Differentialgleichung des Problems:

$$\Delta\Delta W = 0\,. \tag{2.15}$$

Wird noch

$$B(1-\nu)\,W = A \tag{2.16}$$

gesetzt, so besteht Analogie zur Scheibentheorie (vgl. 2.3):

$$M_x = A_{,yy} - \frac{1}{1-\nu}\Delta A\,, \qquad M_y = A_{,xx} - \frac{1}{1-\nu}\Delta A\,, \qquad M_{xy} = -A_{,xy}\,, \tag{2.17}$$

$$Q_x = -\frac{1}{1-\nu}\Delta A_{,x}\,, \qquad Q_y = -\frac{1}{1-\nu}\Delta A_{,y}\,. \tag{2.18}$$

Am Rand muß das Biegemoment verschwinden; ferner müßten dort sowohl das Schermoment als auch die Querkraft separat verschwinden, d. h. es müßten drei Randbedingungen erfüllt werden. Die Theorie erlaubt aber, ebenso wie die Scheibentheorie, nur die Erfüllung von zwei Randbedingungen. Durch Bezugnahme auf das Prinzip von SAINT VENANT kann in erster Näherung das Schermoment auf ein Paar von zwei zur Querkraft parallelen Kräften zurückgeführt werden. Durch Zusammenfassung dieser Kräfte mit der Querkraft läßt sich eine Ersatzquerkraft definieren, die sich aus der Querkraft und dem Differentialquotienten des Schermomentes (längs des Randes) additiv zusammensetzt [3]. Der Verfasser hat in [5] und [6] die so entstehende Bedingung zusammen mit der Bedingung des Verschwindens des Randbiegemomentes durch Umformung auf die beiden folgenden Bedingungen zurückgeführt:

$$A_{,x} = \frac{2}{1-\nu}\Psi_1 = 0\,, \qquad A_{,y} = \frac{2}{1-\nu}\Psi_2 = 0\,. \tag{2.19}$$

Hierin sind Ψ_1 und Ψ_2 zwei konjugierte harmonische Funktionen, die den biharmonischen Kern der AIRYschen Funktion liefern:

$$\left.\begin{aligned} &A = \Psi_0 + x\Psi_1 = \Psi_0^* + y\Psi_2\,, \qquad \tfrac{1}{2}\Delta A = \Psi_{1,x} = \Psi_{2,y}\,, \qquad \Psi_{1,y} = -\Psi_{2,x}\,,\\ &\Delta\Psi_0 = \Delta\Psi_0^* = \Delta\Psi_1 = \Delta\Psi_2 = 0. \end{aligned}\right\} \tag{2.20}$$

In Polarkoordinaten gilt:

$$\left.\begin{aligned} &M_u = \frac{1}{u^2}A_{,vv} + \frac{1}{u}A_{,u} - \frac{1}{1-\nu}\Delta A\,, \qquad M_v = A_{,uu} - \frac{1}{1-\nu}\Delta A\,, \qquad M_{uv} = -\left(\frac{1}{u}A_{,v}\right)_{,u}\,,\\ &Q_u = -\frac{1}{1-\nu}(\Delta A)_{,u}\,, \qquad Q_v = -\frac{1}{1-\nu}\frac{1}{u}(\Delta A)_{,v} \end{aligned}\right\} \tag{2.21}$$

mit den Randbedingungen

$$A_{,u} + \frac{2}{1-\nu}(-\Psi_1\cos v - \Psi_2\sin v) = 0\,, \qquad \frac{1}{u}A_{,v} + \frac{2}{1-\nu}(\Psi_1\sin v - \Psi_2\cos v) = 0\,. \tag{2.22}$$

2.2. Schema für die dicke Platte (REISSNER)

Auch in der REISSNERschen Theorie wird der Dehnungsanteil (2.7) vernachlässigt. Die Gleichungen (2.1) bis einschließlich (2.5) bleiben bestehen. Im Unterschied zur KIRCHHOFFschen Theorie wird die Querschubdeformation durch Mitnahme der rechten Seiten von (2.6) voll berücksichtigt. Die Integration nach z liefert hier statt (2.8)

$$EV_x = -EzW_{,x} + (1+\nu)\left(\frac{3z}{\delta} - \frac{4z^3}{\delta^3}\right)Q_x\,, \qquad EV_y = -EzW_{,y} + (1+\nu)\left(\frac{3z}{\delta} - \frac{4z^3}{\delta^3}\right)Q_y\,. \tag{2.23}$$

Der weitere Rechnungsgang läuft wie bei der KIRCHHOFFschen Theorie ab, jedoch mit Berücksichtigung der Querkraftglieder. Statt (2.9) ergibt sich jetzt:

$$\left.\begin{aligned} &\sigma_x(1-\nu^2) = Ez(-W_{,xx} - \nu W_{,yy}) + (1+\nu)\left(\frac{3z}{\delta} - \frac{4z^3}{\delta^3}\right)(Q_{x,x} + \nu Q_{y,y})\,,\\ &\sigma_y(1-\nu^2) = Ez(-W_{,yy} - \nu W_{,xx}) + (1+\nu)\left(\frac{3z}{\delta} - \frac{4z^3}{\delta^3}\right)(Q_{y,y} + \nu Q_{x,x})\,,\\ &\tau_{xy}(1+\nu) = -EzW_{,xy} + (1+\nu)\left(\frac{3z}{2\delta} - \frac{2z^3}{\delta^3}\right)(Q_{x,y} + Q_{y,x})\,. \end{aligned}\right\} \tag{2.24}$$

Die nach Einsetzen von (2.1) hier entstehenden Gleichungen enthalten außer z auch noch z^3. Bei der dünnen Platte entstand aus (2.9) nach Einsetzen von (2.1) das Schema (2.11) unmittelbar, denn alle Glieder enthielten z als Faktor. Bei der beliebig dicken Platte können die aus (2.24) durch Einsetzen von (2.1) entstehenden Gleichungen nur noch als Mittelwertaussage, d. h. in der Form $\int_{-\delta/2}^{\delta/2}(\ldots)\,z\,dz$ erfüllt werden. Mit Berücksichtigung von (2.13) folgen dann:

$$\left.\begin{aligned} &M_x = B[(1-\nu)W_{,yy} - \Delta W] + \frac{\delta^2}{5}Q_{x,x}\,, \qquad M_y = B[(1-\nu)W_{,xx} - \Delta W] + \frac{\delta^2}{5}Q_{y,y}\,,\\ &M_{xy} = -B(1-\nu)W_{,xy} + \frac{\delta^2}{10}(Q_{x,y} + Q_{y,x})\,. \end{aligned}\right\} \tag{2.25}$$

Hieraus ergeben sich nach Einsetzen in die Gleichgewichtsbedingungen (2.12) mit Berücksichtigung von (2.13) die Bedingungen

$$-B\Delta W_{,x} + \frac{\delta^2}{10}\Delta Q_x - Q_x = 0\,, \qquad -B\Delta W_{,y} + \frac{\delta^2}{10}\Delta Q_y - Q_y = 0 \tag{2.26}$$

mit der allgemeinen Lösung (auch hierbei ist (2.13) zu berücksichtigen):

$$Q_x = -B\Delta W_{,x} + H_{,y}\,, \qquad Q_y = -B\Delta W_{,y} - H_{,x}\,, \tag{2.27}$$

$$\Delta\Delta W = 0; \qquad \left(\Delta - \frac{10}{\delta^2}\right)H = 0\,. \tag{2.28}$$

Für die praktische Handhabung ist es einfacher, statt W die Funktion

$$A = B\left[(1-\nu)\,W + \frac{\delta^2}{5}\Delta W\right]; \qquad \Delta\Delta A = 0 \tag{2.29}$$

einzuführen. Dann ergibt sich das Schema:

$$\left.\begin{aligned} &M_x = A_{,yy} - \frac{\Delta A}{1-\nu} + \frac{\delta^2}{5} H_{,xy}, \qquad M_y = A_{,xx} - \frac{\Delta A}{1-\nu} - \frac{\delta^2}{5} H_{,xy}, \\ &M_{xy} = -A_{,xy} + \frac{\delta^2}{10}(H_{,yy} - H_{,xx}), \\ &Q_x = -\frac{1}{1-\nu}\Delta A_{,x} + H_{,y}, \qquad Q_y = -\frac{1}{1-\nu}\Delta A_{,y} - H_{,x} \end{aligned}\right\} \tag{2.30}$$

bzw. in Polarkoordinaten

$$\left.\begin{aligned} &M_u = \frac{1}{u^2}A_{,vv} + \frac{1}{u}A_{,u} - \frac{\Delta A}{1-\nu} + \frac{\delta^2}{5}\left(\frac{1}{u}H_{,v}\right)_{,u}, \qquad M_v = A_{,uu} - \frac{\Delta A}{1-\nu} - \frac{\delta^2}{5}\left(\frac{1}{u}H_{,v}\right)_{,u}, \\ &M_{uv} = -\left(\frac{1}{u}A_{,v}\right)_{,u} + \frac{\delta^2}{10}\left(\frac{1}{u^2}H_{,vv} + \frac{1}{u}H_{,u} - H_{,uu}\right), \\ &Q_u = -\frac{1}{1-\nu}(\Delta A)_{,u} + \frac{1}{u}H_{,v}, \qquad Q_v = -\frac{1}{(1-\nu)\,u}(\Delta A)_{,v} - H_{,u}. \end{aligned}\right\} \tag{2.31}$$

2.3. Schema für die Scheibe

In Polarkoordinaten gilt (A Airysche Funktion)

$$\sigma_u = \frac{1}{u^2}A_{,vv} + \frac{1}{u}A_{,u}, \qquad \sigma_v = A_{,uu}; \qquad \tau_{uv} = -\left(\frac{1}{u}A_{,v}\right)_{,u} \tag{2.32}$$

mit

$$\Delta\Delta A = 0 \tag{2.33}$$

und den Randbedingungen

$$A_{,u} = 0; \qquad A_{,v} = 0. \tag{2.34}$$

3. Lösung

3.1. Lösung des Problems II für die dünne Platte

Mit Bezug auf (2.20) gelte der Ansatz

$$A = (c_1 u^{3/2} + c_2 u^{1/2} + c_3 u^{-1/2}) \cos\frac{v}{2} + (c_4 u^{3/2} + c_5 u^{1/2} + c_6 u^{-3/2}) \cos\frac{3v}{2} \tag{3.1}$$

mit

$$\Psi_1 = 2(c_1 u^{1/2} + c_5 u^{-1/2}) \cos\frac{v}{2}, \qquad \Psi_2 = 2(c_1 u^{1/2} - c_5 u^{-1/2}) \sin\frac{v}{2}. \tag{3.2}$$

Aus den Randbedingungen (2.22) am Kreis $u = \varrho$ folgen mit $\varrho = 1$:

$$c_2 = \frac{6+2\nu}{1-\nu}c_1, \qquad c_3 = c_1, \qquad c_4 = \frac{6+2\nu}{3-3\nu}c_5, \qquad c_6 = -\frac{1}{3}c_5. \tag{3.3}$$

Längs der Kanten des Schlitzes sind ebenfalls die Randbedingungen (2.22) zu erfüllen. Die erste Bedingung ist wegen der Nullstellen der Cosinusfunktionen für $v = \pm\pi$ ohnehin erfüllt. Die zweite Bedingung läßt sich nur näherungsweise erfüllen und sei hier auf die Mindestforderung beschränkt, daß der mit wachsendem u vorherrschende Anteil verschwindet; dann folgt

$$c_1 = -\frac{(6+2\nu)}{7+\nu}c_5. \tag{3.4}$$

Die rechte Begrenzung der Platte auf der x-Achse sei mit $x = a + \varrho$ festgelegt (Bild 1). Da es sich um ein typisches Kerbspannungsproblem handelt, sind nähere Angaben über den Verlauf des rechten und oberen Randes nicht erforderlich. Es kommt nur auf den Kraftfluß an, der durch Kräfte erzeugt wird, die längs des rechten und oberen Randes eingeleitet, durch den auf der x-Achse befindlichen Plattenquerschnitt mit der Breite a auf die untere Plattenhälfte übertragen und am unteren Rand durch Gegenkräfte aufgenommen werden. Es sei aber Symmetrie zur x-Achse hinsichtlich des gesamten Randes und statische Symmetrie hinsichtlich aller eingeleiteten Kräfte vorausgesetzt. Dann gilt die Symmetrie auch für den Spannungszustand. Im erwähnten Querschnitt tritt dann als einzige resultierende Kraftgröße ein um die x-Achse drehendes Biegemoment M auf. Die Verteilung der Momente und Kräfte errechnet sich aus (2.21). Nach Einsetzen der Konstanten aus (3.3) ergibt sich:

$$\left.\begin{aligned}
M_u &= \frac{1}{4(1-\nu)}\Big\{c_1[(-3-5\nu)\,u^{-1/2}+(6+2\nu)\,u^{-3/2}+(-3+3\nu)\,u^{-5/2}]\cos\frac{v}{2}+\\
&\quad + c_5[(-6-2\nu)\,u^{-1/2}+(1+7\nu)\,u^{-3/2}+(5-5\nu)\,u^{-7/2}]\cos\frac{3v}{2}\Big\},\\
M_v &= \frac{1}{4(1-\nu)}\Big\{c_1[(-5-3\nu)\,u^{-1/2}+(-6-2\nu)\,u^{-3/2}+(3-3\nu)\,u^{-5/2}]\cos\frac{v}{2}+\\
&\quad + c_5[(6+2\nu)\,u^{-1/2}+(7+\nu)\,u^{-3/2}+(-5+5\nu)\,u^{-7/2}]\cos\frac{3v}{2}\Big\},\\
M_{uv} &= \frac{1}{4(1-\nu)}\Big\{c_1[(1-\nu)\,u^{-1/2}+(-6-2\nu)\,u^{-3/2}+(-3+3\nu)\,u^{-5/2}]\sin\frac{v}{2}+\\
&\quad + c_5[(6+2\nu)\,u^{-1/2}+(-3+3\nu)\,u^{-3/2}+(5-5\nu)\,u^{-7/2}]\sin\frac{3v}{2}\Big\},
\end{aligned}\right\}\qquad(3.5)$$

$$Q_u = \frac{1}{1-\nu}\left[c_1u^{-3/2}\cos\frac{v}{2}-3c_5u^{-5/2}\cos\frac{3v}{2}\right],\qquad Q_v = \frac{1}{1-\nu}\left[c_1u^{-3/2}\sin\frac{v}{2}-3c_5u^{-5/2}\sin\frac{3v}{2}\right].\qquad(3.6)$$

Das Gesamtbiegemoment M errechnet sich aus

$$M=\int\limits_{u=1}^{1+a}(M_v)_{v=0}\,\mathrm{d}u=\frac{a}{2(1-\nu)(1+a)^{5/2}}\{c_1(1+a)[-4-4\nu-(5+3\nu)\,a]+$$

$$+c_5[4+4\nu+(11+5\nu)\,a+(6+2\nu)\,a^2]\}\,.\qquad(3.7)$$

Andererseits ergibt sich das maximale Biegemoment zu

$$M_{\max}=(M_v)_{u=1,\,v=0}=\frac{2(1+\nu)}{1-\nu}(-c_1+c_5)\,.\qquad(3.8)$$

Die „Nennspannung“ (elementare Biegespannung eines Plattenstreifens von der Breite a) ist

$$\sigma_N=6M/(a\delta^2)\qquad(3.9)$$

und die maximale Biegespannung

$$\sigma_{\max}=6M_{\max}/\delta^2\,.\qquad(3.10)$$

Schließlich folgt für den Faktor der Spannungskonzentration

$$\alpha_2=\frac{\sigma_{\max}}{\sigma_N}=\frac{4(1+\nu)(13+3\nu)\left(1+\dfrac{\alpha}{\varrho}\right)^{5/2}}{4(1+\nu)(13+3\nu)+(131+106\nu+19\nu^2)\dfrac{a}{\varrho}+8(3+\nu)^2\left(\dfrac{a}{\varrho}\right)^2}.\qquad(3.11)$$

3.2. Lösung des Problems II für die beliebig dicke Platte

Mit Bezug auf (2.28) und (2.29) gelte der Ansatz

$$\left.\begin{aligned}
A &= (c_1u^{3/2}+c_2u^{1/2}+c_3u^{-1/2})\cos\frac{v}{2}+(c_4u^{3/2}+c_5u^{1/2}+c_6u^{-3/2})\cos\frac{3v}{2},\\
H &= c_7u^{-1/2}\,e^{(1-u)\sqrt{10}/\delta}\sin\frac{v}{2}+c_8\left(u^{-3/2}+\frac{\sqrt{10}}{\delta}u^{-1/2}\right)e^{(1-u)\sqrt{10}/\delta}\sin\frac{3v}{2}\,.
\end{aligned}\right\}\qquad(3.12)$$

An Hand von (2.31) folgen

$$\left.\begin{aligned}
M_u &= \left\{\frac{1}{4(1-\nu)}\left[c_1(-3-5\nu)\,u^{-1/2} + c_2(1-\nu)\,u^{-3/2} + c_3(-3+3\nu)\,u^{-5/2}\right] + \right.\\
&\quad \left. + c_7\left[-\frac{3\delta^2}{20}u^{-5/2} - \frac{\delta}{\sqrt{10}}u^{-3/2}\right] e^{(1-u)\sqrt{10}/\delta}\right\}\cos\frac{v}{2} + \\
&\quad + \left\{\frac{1}{4(1-\nu)}\left[c_4(-3+3\nu)\,u^{-1/2} + c_5(1+7\nu)\,u^{-3/2} + c_6(-15+15\nu)\,u^{-7/2}\right] + \right.\\
&\quad \left. + c_8\left[-\frac{3\delta^2}{4}u^{-7/2} - \frac{3\delta\sqrt{10}}{4}u^{-5/2} - 3u^{-3/2}\right] e^{(1-u)\sqrt{10}/\delta}\right\}\cos\frac{3v}{2},\\
M_v &= \left\{\frac{1}{4(1-\nu)}\left[c_1(-5-3\nu)\,u^{-1/2} + c_2(-1+\nu)\,u^{-3/2} + c_3(3-3\nu)\,u^{-5/2}\right] + \right.\\
&\quad \left. + c_7\left[\frac{3\delta^2}{20}u^{-5/2} + \frac{\delta}{\sqrt{10}}u^{-3/2}\right] e^{(1-u)\sqrt{10}/\delta}\right\}\cos\frac{v}{2} + \\
&\quad + \left\{\frac{1}{4(1-\nu)}\left[c_4(3-3\nu)\,u^{-1/2} + c(7+\nu)\,u^{-3/2} + c_6(15-15\nu)\,u^{-7/2}\right] + \right.\\
&\quad \left. + c_8\left[\frac{3\delta^2}{4}u^{-7/2} + \frac{3\delta\sqrt{10}}{4}u^{-5/2} + 3u^{-3/2}\right] e^{(1-u)\sqrt{10}/\delta}\right\}\cos\frac{3v}{2},\\
M_{uv} &= \left\{\frac{1}{4(1-\nu)}\left[c_1(1-\nu)\,u^{-1/2} + c_2(-1+\nu)\,u^{-3/2} + c_3(-3+3\nu)\,u^{-5/2}\right] + \right.\\
&\quad \left. + c_7\left[-\frac{3\delta^2}{20}u^{-5/2} - \frac{2\delta}{\sqrt{10}}u^{-3/2} - u^{-1/2}\right] e^{(1-u)\sqrt{10}/\delta}\right\}\sin\frac{v}{2} + \\
&\quad + \left\{\frac{1}{4(1-\nu)}\left[c_4(3-3\nu)\,u^{-1/2} + c_5(-3+3\nu)\,u^{-3/2} + c_6(-15+15\nu)\,u^{-7/2}\right] + \right.\\
&\quad \left. + c_8\left[-\frac{3\delta^2}{4}u^{-7/2} - \frac{3\delta\sqrt{10}}{4}u^{-5/2} - 3u^{-3/2} - \frac{\sqrt{10}}{\delta}u^{-1/2}\right] e^{(1-u)\sqrt{10}/\delta}\right\}\sin\frac{3v}{2},\\
Q_u &= \left[\frac{c_1}{1-\nu}u^{-3/2} + \frac{1}{2}c_7 u^{-3/2}\,e^{(1-u)\sqrt{10}/\delta}\right]\cos\frac{v}{2} + \\
&\quad + \left[-\frac{3c_5}{1-\nu}u^{-5/2} + c_8\left(\frac{3}{2}u^{-5/2} + \frac{3\sqrt{10}}{2\delta}u^{-3/2}\right) e^{(1-u)\sqrt{10}/\delta}\right]\cos\frac{3v}{2},\\
Q_v &= \left[\frac{c_1}{1-\nu}u^{-3/2} + c_7\left(\frac{1}{2}u^{-3/2} + \frac{\sqrt{10}}{\delta}u^{-1/2}\right) e^{(1-u)\sqrt{10}/\delta}\right]\sin\frac{v}{2} + \\
&\quad + \left[-\frac{3c_5}{1-\nu}u^{-5/2} + c_8\left(\frac{3}{2}u^{-5/2} + \frac{3\sqrt{10}}{2\delta}u^{-3/2} + \frac{10}{\delta^2}u^{-1/2}\right) e^{(1-u)\sqrt{10}/\delta}\right]\sin\frac{3v}{2}.
\end{aligned}\right\} \tag{3.13}$$

Aus den Randbedingungen am Kreise, d. h. dem Verschwinden von M_u, M_{uv} und Q_u für $u = \varrho = 1$ ergeben sich 6 Gleichungen, mit deren Hilfe die auftretenden Konstanten auf c_1 und c_5 zurückgeführt werden können (ähnlich wie in 3.1). Hier folgen:

$$\left.\begin{aligned}
c_2 &= \frac{c_1}{1-\nu}\left[6 + 2\nu + \frac{4\delta}{\sqrt{10}}\right], \qquad c_3 = \frac{c_1}{1-\nu}\left[1 - \nu + \frac{4\delta}{\sqrt{10}} + \frac{2\delta^2}{5}\right],\\
c_4 &= \frac{c_5}{3(1-\nu)\,(1+\delta/\sqrt{10})}\left[6 + 2\nu + (2+2\nu)\frac{\delta}{\sqrt{10}}\right],\\
c_6 &= \frac{c_5}{3(1-\nu)\,(1+\delta/\sqrt{10})}\left[-1 + \nu + (-5+\nu)\frac{\delta}{\sqrt{10}} - \frac{6}{5}\delta^2 - \frac{6}{5}\frac{\delta^3}{\sqrt{10}}\right],\\
c_7 &= \frac{c_1}{1-\nu}[-2], \qquad c_8 = \frac{c_5}{3(1-\nu)\,(1+\delta/\sqrt{10})}\left[6\frac{\delta}{\sqrt{10}}\right].
\end{aligned}\right\} \tag{3.14}$$

Längs der Kerbflanken $v = \pm\pi$ verschwindet das Biegemoment M_v, jedoch nicht Q_v und M_{uv}. Als Mindestforderung sei verlangt, daß die den beiden Größen statisch äquivalente Ersatzquerkraft mit Bezug auf ihren, mit wachsendem u überwiegenden Anteil verschwindet. Dann folgt

$$c_1 = -\frac{[6 + 2\nu + (2+2\nu)\,\delta/\sqrt{10}]\,c_5}{(7+\nu)\,(1+\delta/\sqrt{10})}. \tag{3.15}$$

Im Bezugsquerschnitt $v = 0$ mit der Breite a wird das Moment

$$M = \int_{u=1}^{1+a} (M_v)_{v=0}\, du = \left| A_{,u} - \frac{2\Psi_1}{1-\nu} - \frac{\delta^2}{5u} H_{,v} \right|_{u=1}^{1+a} \tag{3.16}$$

übertragen, wobei sich für die untere Grenze Null ergibt. Das im Kerbgrund auftretende maximale Biegemoment errechnet sich wieder aus (3.8). Die weitere Ausrechnung sei zu Gunsten der Aufstellung einer Näherungsformel auf große Werte des Parameters a/ϱ, also auf Kerben starker Krümmung bezogen. Mit Einführung der Nennspannung und der Maximalspannung [vgl. (3.9) und (3.10)] ergibt sich nach Umformung für den Faktor der Spannungskonzentration in beliebig dicken Platten folgende Formel:

$$\alpha = \frac{(1+\nu)\,[13 + 3\nu + 3(3+\nu)\,\delta/(\varrho\sqrt{10})]\,\sqrt{\alpha/\varrho}}{2(3+\nu)\,[3 + \nu + (1+\nu)\,\delta/(\varrho\sqrt{10})]}. \tag{3.17}$$

Für dünne Platten ergibt sich Übereinstimmung mit (3.11) für großes a/ϱ; andererseits stellt sich für $\delta \to \infty$ der Faktor der Spannungskonzentration der zugbeanspruchten Scheibe bei starker Kerbkrümmung heraus, wie in 3.3 nachgewiesen wird.

3.3. Lösung des Problems II für die Scheibe

Es wird der Ansatz (3.1) übernommen. Aus den Randbedingungen (2.34) für den Kreis $u = \varrho$ ergeben sich:

$$c_2 = -2c_1; \qquad c_3 = c_1; \qquad c_4 = -2c_5/3; \qquad c_5 = -c_5/3\,. \tag{3.18}$$

Die Spannungen errechnen sich aus (2.32):

$$\left.\begin{aligned}
\sigma_u &= \frac{c_1}{4}(5u^{-1/2} - 2u^{-3/2} - 3u^{-5/2}) \cos\frac{v}{2} + \frac{c_5}{4}(2u^{-1/2} - 7u^{-3/2} + 5u^{-7/2}) \cos\frac{3v}{2},\\
\sigma_v &= \frac{c_1}{4}(3u^{-1/2} + 2u^{-3/2} + 3u^{-5/2}) \cos\frac{v}{2} + \frac{c_5}{4}(-2u^{-1/2} - u^{-3/2} - 5u^{-7/2}) \cos\frac{3v}{2},\\
\tau_{uv} &= \frac{c_1}{4}(u^{-1/2} + 2u^{-3/2} - 3u^{-5/2}) \sin\frac{v}{2} + \frac{c_5}{4}(-2u^{-1/2} - 3u^{-3/2} + 5u^{-7/2}) \sin\frac{3v}{2}.
\end{aligned}\right\} \tag{3.19}$$

Längs der Kerbflanken ($v = \pi$) verschwindet nur die Normalspannung σ_v. Für die nicht verschwindende Schubspannung τ_{uv} sei als Mindestforderung verlangt, daß der mit wachsendem u überwiegende Anteil verschwindet; damit folgt:

$$c_1 = -2c_5\,. \tag{3.20}$$

Die im Bezugsquerschnitt übertragene Kraft ist

$$F = \int_{u=1}^{1+a} (\sigma_v)_{v=0}\, du = |A_{,u}|_{u=1}^{1+a}\,. \tag{3.21}$$

Der Wert an der unteren Grenze ist Null. Die maximale Spannung ist

$$\sigma_{\max} = -6c_5 \tag{3.22}$$

und die Nennspannung

$$\sigma_N = F/a = \frac{c_5}{2}\left(1 + \frac{a}{\varrho}\right)^{-5/2}\left[-12 - 19\frac{a}{\varrho} - 8\left(\frac{a}{\varrho}\right)^2\right]. \tag{3.23}$$

Als Faktor der Spannungskonzentration in der zugbeanspruchten gekerbten Scheibe folgt mithin:

$$\alpha_1 = \frac{12\left(1 + \frac{a}{\varrho}\right)^{5/2}}{12 + 19\frac{a}{\varrho} + 8\left(\frac{a}{\varrho}\right)^2}. \tag{3.24}$$

Im Grenzfall $\alpha/\varrho = 0$ ist $\alpha_1 = 1$ erfüllt. Andererseits gilt im Grenzfall starker Kerbkrümmung $\alpha_1 = \frac{3}{2}\sqrt{\frac{a}{\varrho}}$, in Übereinstimmung mit (3.17) für dicke Platten.

3.4. Näherungsformeln

Es liegt nahe, aus (3.17) eine Näherungsformel für gekerbte Platten beliebiger Dicke abzuleiten. Mit Verwendung der Faktoren aus (3.11) und (3.21) läßt sich folgende Näherungsformel aufstellen (mit α_1 für Scheiben und α_2 für dünne Platten):

$$\alpha = \alpha_2 + \frac{\alpha_1 - \alpha_2}{1 + \lambda}; \tag{3.25}$$

für die Hilfsgröße gilt

$$\left.\begin{aligned} \lambda &= \frac{(3+\nu)\,\varrho\sqrt{10}}{(1+\nu)\,\delta} && \text{bei gekerbten Platten} \\ &\text{bzw.} \\ \lambda &= \frac{(3+\nu)\,\varrho\sqrt{10}\,K_0(\varrho\sqrt{10}/\delta)}{2(1+\nu)\,\delta K_1(\varrho\sqrt{10}/\delta)} && \text{bei gelochten Platten}\,, \end{aligned}\right\} \tag{3.26}$$

mit K_0 und K_1 als Zylinderfunktionen.

Für gelochte Platten ergibt sich mit $\alpha_1 = 3$ und $\alpha_2 = \frac{5+3\nu}{3+\nu}$, vgl. [5] u. [6], Übereinstimmung mit der Formel von REISSNER [2].

Literatur

1 KIRCHHOFF, G., Über das Gleichgewicht und die Bewegung einer elastischen Scheibe, J. für reine u. angew. Math., **40** (1850) 51–88.
2 REISSNER, E., The Effect of Transverse-Shear Deformation on the Bending of elastic Plates, J. Appl. Mech. 12 (1945) A 68–A 77
3 THOMSON, W.; TAIT, P. G.: Treatise on Natural Philosophy, Oxford University Press, 1867.
4 ALBLAS, J. B., Theorie van de driedimensionale Spanningstoestand in een doorboorde Plaat, Dissertation an der Techn. Hochschule Delft, 1957, gedruckt bei H. J. Paris, Amsterdam.
5 NEUBER, H., Über das Kerbproblem in der Plattentheorie, Z. angew. Math. Mech. **20** (1940) 199–209.
6 NEUBER, H., Kerbspannungslehre, Grundlagen für genaue Spannungsberechnung, Springer-Verlag, Berlin-Göttingen-Heidelberg, 2. Aufl., 1958.

Eingereicht am 20. 4. 1982

Anschrift: Prof. Dr.-Ing. Dr. HEINZ NEUBER, Schlingener Straße 4, D-8939 Bad Wörishofen, BRD

KLEINE MITTEILUNGEN

ZAMM 63, 63 – 65 (1983)

K.-H. BACHMANN

Fehlereinschließung für Näherungslösungen von Systemen gewöhnlicher Differentialgleichungen

Dem Andenken meines verehrten Lehrers FRIEDRICH ADOLF WILLERS anläßlich der 100. Wiederkehr seines Geburtstages gewidmet.

Betrachtet wird das Anfangswertproblem

$$y' = f(x, y)\,, \qquad y(a) = y_0\,, \tag{1}$$

wobei $f: D \to R^m$ eine in $D = [a, b] \times D_1 \subseteq [a, b] \times R^m$ Lipschitzstetige Funktion ist. Für $y_0 \in D_1$ existiert eine eindeutig bestimmte Lösung $\bar{y}$ von (1) mindestens in solchen Teilintervallen $[a, b']$ von $[a, b]$, in denen $\bar{y}(x) \in D_1$ gilt. Eine Näherungslösung für $\bar{y}$ in einem solchen Teilintervall sei mit z bezeichnet. Man wird z häufig durch ein Diskretisierungsverfahren gewinnen, das Näherungen z_n für die $y(x_n)$ auf einer monoton wachsenden Folge (x_n) von Stützstellen liefert. In der Regel wird als z dann eine stetige und wenigstens stückweise stetig differenzierbare Interpolationsfunktion für die (x_n, z_n) verwendet. Gesucht wird eine Einschließung für die Fehlerfunktion

$$e(x) = z(x) - \bar{y}(x)\,. \tag{2}$$

Für e gilt, falls Existenz und Stetigkeit der Fréchet-Ableitung $f_y(x, y)$ für y aus einer genügend großen Umgebung von $\bar{y}$ vorausgesetzt werden, die Fehlergleichung

$$f(x, z(x)) - f(x, \bar{y}(x)) - e'(x) =$$

$$= f_y(x, v(x)) \cdot e(x) - e'(x) = d(x; z)\,, \tag{3}$$

wobei

$$d(x; z) = f(x, z(x)) - z'(x) \tag{4}$$

der Defekt der Näherungslösung z bezüglich des betrachteten Differentialgleichungssystems ist und $v(x)$ eine mittlere Funktion zwischen $\bar{y}(x)$ und $z(x)$ bezeichnet.

Zur Einschließung von $e(x)$ geht man, falls $z(x)$ durch ein Diskretisierungsverfahren ermittelt wurde, im allgemeinen ebenfalls schrittweise vor und bestimmt Einschließungen für die $e(x_n)$. Zweckmäßigerweise zerlegt man dazu die *Fehlerfunktion* im Intervall $[x_n, x_{n+1}]$ nach

$$e(x) = l_n(x) + g_n(x)\,, \tag{5}$$

wobei l_n als *lokaler Fehlerbestandteil* und g_n als *globaler Fehlerbestandteil* bezeichnet seien. Zur Definition von l_n und g_n wird eine zusätzliche Funktion u_n als Lösung des Anfangswertproblems

$$y' = f(x, y)\,, \qquad y(x_n) = z_n \tag{6}$$

im Intervall $[x_n, x_{n+1}]$ eingeführt, und es wird

$$l_n(x) = z(x) - u_n(x)\,, \qquad g_n(x) = u_n(x) - \bar{y}(x)\,. \tag{7}$$

Im folgenden seien e_i, l_i und g_i Abkürzungen für $e(x_i)$, $l(x_i)$ bzw. $g(x_i)$. Analog zu (3) erhält man $l_n(x)$ und $g_n(x)$ als Lösungen der Anfangswertprobleme

$$l_n'(x) - f_y(x, r_n(x)) \cdot l_n(x) = -d(x; z)\,, \qquad l_n(x_n) = o\,, \tag{8}$$

$$g_n'(x) - f_y(x, s_n(x)) \cdot g_n(x) = o\,, \qquad g_n(x_n) = e_n\,. \tag{9}$$

Dabei bezeichnet o den m-dimensionalen Nullvektor, r_n und s_n sind geeignete mittlere Funktionen. Der im Intervall $[x_n, x_{n+1}]$ durch die Näherungsmethode neu entstandene Fehlerzuwachs ist l_{n+1}. Dagegen ist g_{n+1} die Fortpflanzung des Fehlers e_n bei der Lösung des gegebenen Anfangswertproblems in $[x_n, x_{n+1}]$. Wird s_n als gegebene Funktion angesehen, so ist (9) ein homogenes lineares Anfangswertproblem, dessen Lösung an der Stelle x_{n+1} als

$$g_{n+1} = T(x_{n+1}; x_n, s_n) \cdot g_n = T(x_{n+1}; x_n, s_n) \cdot e_n \tag{10}$$

geschrieben werden kann. Dabei bezeichnet $T(x_{n+1}; x_n, s_n)$ den zu $f_y(x, s_n(x))$ gehörenden *Matrizanten*, d. h. die Lösung der Matrixdifferentialgleichung

$$T'(x; x_n, s_n) - f_y(x, s_n(x)) \cdot T(x; x_n, s_n) = 0 \tag{11}$$

unter der Anfangsbedingung

$$T(x_n; x_n, s_n) = E_m \tag{12}$$

mit der (m, m)-Einheitsmatrix E_m. Der Gesamtfehler an der Stelle x_{n+1} wird also

$$e_{n+1} = T(x_{n+1}; x_n, s_n) \cdot e_n + l_{n+1}\,. \tag{13}$$

Zur Einschließung des Fehlers e_{n+1} wird man im allgemeinen davon ausgehen, daß e_n in einer bekannten Menge E_n enthalten ist. Für $n = 0$ ist E_0 als gegeben vorauszusetzen. Häufig ist $E_0 = \{o\}$, enthält also nur den Nullvektor o. Sind nun mengenwertige Funktionen F_y und Δ bekannt, für die

$$f_y(x, r_n(x)) \in F_y(x) \quad \text{und} \quad d(x; z) \in \Delta(x) \tag{14}$$

gilt, so sind $g_n(x)$ bzw. $l_n(x)$ in der Menge der Lösungen der Anfangswertprobleme

$$L_n'(x) - \varphi(x) \cdot L_n(x) = -\delta(x)\,, \qquad L_n(x) = o \tag{15}$$

bzw.

$$G_n'(x) - \varphi(x) \cdot G_n(x) = o\,, \qquad G_n(x_n) = G_{nn} \in E_n \tag{16}$$

mit $\varphi(x) \in F_y(x)$ und $\delta(x) \in \Delta(x)$ enthalten, wobei $\varphi(x)$ und $\delta(x)$ in $[x_n, x_{n+1}]$ noch als stetig vorausgesetzt werden. An der Stelle x_{n+1} mögen diese Lösungen die Mengen L_{n+1} bzw. G_{n+1} bilden, und es folgt

$$e_{n+1} \in E_{n+1} = G_{n+1} + L_{n+1}\,. \tag{17}$$

Die Summation ist dabei so zu verstehen, daß $A + B$ die Summen aller aus A und B gebildeten Paare von Elementen enthält.

Es ist naheliegend, die Mengen G_{n+1} und L_{n+1} in m-dimensionale Intervalle einzuschließen und die erforderlichen Rechnungen mit Hilfsmitteln der Intervallarithmetik auszuführen. Je nach den verwendeten Informationen über f_y können sich dabei sehr unterschiedliche Abschätzungen ergeben. Im einfachsten Falle verwendet man lediglich eine Lipschitzkonstante L für f, d. h. nutzt nur

$$\|f_y\| \leqq L \tag{18}$$

aus. Kennt man noch eine Abschätzung für das Defektintegral in der Form

$$\Big\|\int_{x_n}^{x_{n+1}} d(t; z)\, dt\Big\| \leqq K\,, \tag{19}$$

so kann man nach TOLLMIEN [3] abschätzen:

$$\|l_{n+1}\| \leqq K \cdot e^{L(x_{n+1}-x_n)}\,. \tag{20}$$

Mit $e_0 = o$ ergibt sich hieraus für konstante Schrittweite $h = x_{i+1} - x_i$ die bekannte Abschätzung

$$\|e_n\| \leqq K \cdot e^{Lh} \cdot \frac{e^{Lnh} - 1}{e^{Lh} - 1} \leqq nK \cdot e^{Lnh}\,. \tag{21}$$

Diese Abschätzung ist wegen ihres exponentiellen Wachstums für praktische Zwecke nur bedingt geeignet. Sie zeigt aber, daß der Einfluß der Fehlerfortpflanzung den sich durch Summation der lokalen Fehlerbestandteile ergebenden Fehler der Größenordnung $nK \cdot e^{Lh}$ für größere Werte von nLh beträchtlich übersteigen kann.

Methoden zur Berechnung des lokalen Fehleranteils sollen hier nicht weiter verfolgt werden, sondern es soll angenommen werden, daß eine Methode zur Einschließung der oben erwähnten Lösungsmengen L_n vorliege, die ausreichend gute Resultate liefert. Zur *Einschließung des Gesamtfehlers unter Verwendung intervallarithmetischer Hilfsmittel* kann man nun so vorgehen, daß (13) modifiziert wird. Mit einer Intervalleinschließung $[T_{n+1,n}]$ des Matrizanten $T(x_{n+1}; x_n, s_n)$ für die in Frage kommenden mittleren Funktionen s_n entsteht ein Intervallvektor $[e_{n+1}]$ als Einschließung für E_{n+1} aus Intervallvektoren $[e_n]$ und $[l_{n+1}]$, die E_n bzw. L_{n+1} einschließen, nach

$$[e_{n+1}] = \mathrm{Int}\,([T_{n+1,n}]\,[e_n]) + [l_{n+1}]\,. \tag{22}$$

Dabei bezeichnet Int eine Operation, die bei Anwendung auf $[T_{n+1,n}]\,[e_n]$ einen Intervallvektor liefert, der alle Vektoren Ax mit $A \in [T_{n+1,n}]$ und $x \in [e_n]$ enthält. Es kann gezeigt werden, daß auch bei exponentiell abklingenden Lösungen des Anfangswertproblems (1) exponentiell wachsende Einschließungsintervalle entstehen können [1]. Falls $E_0 \neq \{o\}$ ist, tritt dieses Verhalten sogar bei verschwindenden lokalen Fehlern und bei Verwendung des Einschließungsoperators Int_o, der die kleinste

Intervalleinschließung liefert, auf. Dieser Effekt ist darauf zurückzuführen, daß die Einschließungsintervalle häufig der geometrischen Form der Mengen, die durch die Lösungen aus einem Anfangsintervall gebildet werden, nicht gut angepaßt sind. Bei linearen Differentialgleichungssystemen mit konstanten Koeffizienten sind diese Lösungsmengen eventuell langgestreckte Parallelepipede, deren Einschließungsintervalle dann große Teilmengen enthalten, in denen keine Lösungen aus dem Anfangsintervall liegen.

Von KRÜCKEBERG [2] wurde vorgeschlagen, (13) in anderer Weise zu modifizieren. Dazu wird zunächst

$$e_1 = T_{1,0}e_0 + l_1 = T_{1,0}(e_0 + T_{1,0}^{-1}l_1) = T_{1,0}e_{0,1} \tag{23}$$

mit $T_{1,0} = T(x_1; x_0, s_0)$ geschrieben. Analog ergibt sich mit entsprechend abgekürzter Schreibweise

$$\begin{aligned} e_{n+1} &= T_{n+1,n}e_n + l_{n+1} = T_{n+1,n}(e_n + T_{n+1,n}^{-1}\, l_{n+1}) = \\ &= T_{n+1,n}(T_{n,0}e_{0,n} + T_{n+1,n}^{-1}\, l_{n+1}) = \\ &= T_{n+1,0}(e_{0,n} + T_{n+1,0}^{-1}\, l_{n+1}) = T_{n+1,0}e_{0,n+1}\,. \end{aligned} \tag{24}$$

Hierbei ist

$$T_{n+1,0} = T_{n+1,n}T_{n,0} \tag{25}$$

das Produkt der nach (11) und (12) für die einzelnen Integrationsschritte gebildeten Matrizanten, die bei Voraussetzung der eindeutigen Lösbarkeit von (11) regulär sind. Die auftretenden $e_{0,i}$ können als auf den Anfangspunkt zurückprojizierte Fehler angesehen werden. Um Fehlereinschließungen zu erhalten, werden die Matrizanten $T_{i,0}$ in Intervallmatrizen eingeschlossen und ebenso ihre Inversen $T_{i,0}^{-1}$, die auch als Matrizanten $T_{0,i}$ angesehen werden können. Man erhält dadurch Einschließungen

$$[e_{0,n+1}] = \text{Int}\,([e_{0,n}] + [T_{n+1,0}^{-1}]\,[l_{n+1}]) \tag{26}$$

und

$$[e_{n+1}] = \text{Int}\,([T_{n+1,0}]\,[e_{0,n+1}])\,. \tag{27}$$

Zur Untersuchung des Wachstums der einerseits durch (22), andererseits durch (26) und (27) erhaltenen Intervallvektoren wird man der Einfachheit halber lineare Differentialgleichungssysteme mit konstanten Koeffizienten betrachten. Die in (11) auftretende Ableitung f_y ist dann eine konstante (m, m)-Matrix A, und alle auftretenden Matrizanten $T_{n+1,n}$ werden bei Voraussetzung konstanter Schrittweite $h = x_{n+1} - x_n$ zur Matrix e^{hA}. Betrachtet man nun den Fall verschwindender lokaler Fehler, so wird (22) zu

$$[e_{n+1}] = \text{Int}\,(e^{hA}[e_n])\,. \tag{28}$$

Setzt man voraus, daß $[e_n]$ ein symmetrisches Einschließungsintervall der Form $[-\varepsilon, +\varepsilon]$ ist, so wird auch $[e_{n+1}]$ symmetrisch. Man kann dann für genügend kleines h auch

$$[e_{n+1}] = |e^{hA}|\,[e_n] \tag{29}$$

schreiben, wobei $|e^{hA}|$ die Matrix ist, deren Elemente die Beträge der Elemente von e^{hA} sind. Damit wird das Wachstum der Einschließungen durch den Eigenwert von $|e^{hA}|$ mit dem größten Realteil bestimmt. Dieser ist positiv und sei mit e^r bezeichnet. Es gilt also asymptotisch

$$m([e_n]) \sim K \cdot e^{nrh} \cdot m([e_0])\,, \tag{30}$$

wobei $m([x])$ die absolut größte in $[x]$ enthaltene Komponente bezeichnet. Hiernach wächst $[e_n]$ exponentiell mit n. Verschwinden die lokalen Fehler nicht, so ist das Wachstum der Fehlereinschließungen natürlich nicht günstiger.

Das Verfahren von KRÜCKEBERG liefert für verschwindenden lokalen Fehler eine Einschließung der Form

$$[e_n] = \text{Int}\,(e^{nhA} \cdot [e_0])\,. \tag{31}$$

In diesem Falle wird daher das Fehlerwachstum korrekt wiedergegeben. Treten jedoch lokale Fehler auf, so ist (26) im betrachteten Spezialfall durch

$$[e_{0,n+1}] = \text{Int}\,([e_{0,n}] + e^{-(n+1)hA} \cdot [l_{n+1}]) \tag{32}$$

zu ersetzen. Sei nun r_m der kleinste der Realteile der Eigenwerte von A, r_1 der größte der Realteile der Eigenwerte von A. Weiter werde angenommen, daß bei Verwendung eines Verfahrens p-ter Ordnung der lokale Fehler l_n durch $h^{p+1}e^{r_1 nh} \cdot c$ gut angenähert wird, wobei c ein m-dimensionaler Vektor ist. Das Einschließungsintervall für den zurückprojizierten lokalen Fehler kann hiernach durch

$$\text{Int}\,(e^{-(n+1)hA} \cdot [l_{n+1}]) \approx h^{p+1}e^{(r_1 - r_m)nh}\,\text{Int}\,(c) \tag{33}$$

angenähert werden, da $-r_m$ der größte der Realteile der Eigenwerte von $-A$ ist. Bei der Multiplikation mit e^{nhA} nach (27) wird dieser Fehleranteil mit einem Faktor der Größenordnung $e^{r_1 nh}$ multipliziert, daher geht Int (c) mit einem Faktor der Größenordnung $e^{(2r_1 - r_m)nh}$ in die Gesamtabschätzung ein. Bei stabilen Lösungen des Anfangswertproblems ist $r_1 \leqq 0$, und die Fehlereinschließung ist höchstens dann stabil, wenn

$$2r_1 - r_m \leqq 0 \tag{34}$$

gilt. Führt man das *Steifheitsmaß* $s = r_1 - r_m$ ein, kann man diese Bedingung auch als

$$s \leqq -r_1 \tag{35}$$

schreiben. *Hiernach ist diese Methode der Fehlereinschließung asymptotisch nur dann brauchbar, wenn das Steifheitsmaß s die Dämpfung $-r_1$ nicht übersteigt.*

Um die durch die Rückprojektion der Fehler auf den Anfangspunkt der Integration entstandene Fehlervergrößerung zu vermeiden, kann der Weg beschritten werden, die Fortpflanzung der lokalen Fehler von ihrer Entstehungsstelle aus durch Transformation mittels der zugehörigen Matrizanten bis zur Stelle der Fehlereinschließung direkt zu berechnen. Dadurch entsteht eine Einschließung der Form

$$[e_n] = \sum_{k=0}^{n} \text{Int}\,([T_{n,k}]\,[l_k]) \tag{36}$$

mit $[l_0] = [e_0]$ und $[T_{n,n}] = [E_m]$. Der Aufwand hierfür ist beträchtlich höher als für die oben betrachteten Verfahren, da die lokalen Fehlereinschließungen $[l_k]$ gespeichert werden müssen und die einzelnen Matrizanteneinschließungen $[T_{n,k}]$ zu berechnen sind. Es ist daher nicht zweckmäßig, diese Fehlerabschätzung an allen Stützstellen auszuführen, sondern es sollte jeweils eine Anzahl von Integrationsintervallen zusammengefaßt werden und nur an Stellen $x_N, x_M, \ldots$ die Fehlereinschließungen vorgenommen werden. Die für die Einschließung an der Stelle x_N benötigten Intervallmatrizen $[T_{N,k}]$ kann man durch Rückwärtsrechnung von der Stelle x_N aus und Invertierung bestimmen. Für (36) kann man mit N statt n auch

$$[e_N] = \sum_{k=0}^{N} [x_k]\,, \qquad [x_k] = \text{Int}\,([T_{N,k}]\,[l_k]) \tag{37}$$

schreiben. Aus $T \in [T_{N,k}]$ und $z \in [l_k]$ folgt also $Tz = w \in [x_k]$. Die Mengen

$$W_k = \{w \mid z = T^{-1}w,\ z \in [l_k],\ T \in [T_{N,k}]\} \tag{38}$$

können in (37) an die Stelle der $[x_k]$ treten, da sie alle Vektoren enthalten, die durch Fortpflanzung eines in $[l_k]$ enthaltenen lokalen Fehlers an der Stelle x_N entstehen können. Mit

$$[w_k] = \text{Int}\,(W_k) \tag{39}$$

kann (37) durch

$$[e_N]^* = \sum_{k=0}^{N} [w_k] \tag{40}$$

ersetzt werden. Zur Berechnung der $[w_k]$ sind jeweils Inklusionen der Form

$$[T_{k,N}]\,[w_k] \supseteq [l_k] \tag{41}$$

zu lösen, d. h. möglichst kleine Intervallvektoren $[w_k]$ zu suchen, für die (41) erfüllt ist. Dabei bezeichnet $[T_{k,N}]$ eine Intervallmatrix, die die von der Stelle x_N zur Stelle x_k rückwärts genommenen und zu einem genügend großen Bereich für y gehörenden Matrizanten einschließt. Die mit (40) gewonnene Einschließung wird man dann für das nächste Intervall der Fehlereinschließung von x_N bis x_M als Startmenge benutzen. Mit ähnlichen Überlegungen wie oben erhält man für lineare Differentialgleichungssysteme mit konstanten Koeffizienten das Resultat, daß unter der Voraussetzung über die Größenordnung der lokalen Fehler $[l_n] \approx h^{p+1} \cdot e^{r_1 nh} \cdot [c]$ der Gesamtfehler sich mit $x = nh$ asymptotisch wie $h^p x \cdot e^{r_1 x}$ verhält.

Das in [1] zur Illustration der Fehlerfortpflanzung herangezogene Beispiel

$$y_1' = y_1 - 2y_2\,, \qquad y_2' = 3y_1 - 4y_2 \tag{42}$$

wurde mit Anfangsbedingungen $y_1(0) = 1$, $y_2(0) = -1$ im Intervall $[0, 1]$ mit der Schrittweite $h = 0.05$ integriert, wobei ein ebenfalls in [1] angegebenes Näherungsverfahren zweiter Ordnung benutzt wurde, das als Variante des verbesserten Euler-Cauchy-Verfahrens [4] angesehen werden kann und lokale Fehlerabschätzungen liefert. In der folgenden Tabelle sind die Näherung $z(1)$, der Fehler $e(1)$ und die mit den drei hier betrachteten Verfahren an der Stelle 1 erhaltenen Einschließungsvektoren der Form $[-\varepsilon, +\varepsilon]$ angegeben.

$z(1)$	$e(1)$	$\varepsilon(22)$	ε (26), (27)	ε (36)
1.29690	−0.00115	0.20252	0.31106	0.10137
1.02526	−0.00213	0.10643	0.23763	0.05020

Die exakte Lösung lautet

$$\left.\begin{array}{ll}\bar{y}_1(x) = 5\mathrm{e}^{-x} - 4\mathrm{e}^{-2x}\,, & \bar{y}_1(1) = 1.29805\,,\\ \bar{y}_2(x) = 5\mathrm{e}^{-x} - 6\mathrm{e}^{-2x}\,, & \bar{y}_2(1) = 1.02739\,.\end{array}\right\} \quad (43)$$

Die starke Überschätzung des Fehlers ist darauf zurückzuführen, daß das benutzte Integrationsverfahren bereits die lokalen Fehler etwa um den Faktor 10 überschätzt. Werden statt der Abschätzungen für die lokalen Fehler die Beträge der lokalen Fehler selbst als Schranken benutzt, so liefert (36) nach 20 Schritten nur noch eine 8-fache Überschätzung in der 1. Komponente und eine 3-fache Überschätzung in der 2. Komponente. Die Einschließung nach (22) liefert erst nach 40 Schritten ungünstigere Werte als die nach (26) und (27), die beim vorliegenden Beispiel mit Dämpfung $d = 1$ und Steifheitsmaß $s = 1$ noch anwendbar ist.

Literatur

1 BACHMANN, K.-H., Untersuchungen zur Einschließung der Lösungen von Systemen gewöhnlicher Differentialgleichungen, Beitr. Numer. Math. **1**, 9–42 (1974).

2 KRÜCKEBERG, F., Ordinary differential equations, in: Topics on Interval Analysis (Ed. E. HANSEN), Oxford 1969, 91–97.

3 TOLLMIEN, W., Über die Fehlerabschätzung beim Adamsschen Verfahren zur Integration gewöhnlicher Differentialgleichungen, ZAMM **18**, 83–90 (1938).

WILLERS, F. A., Methoden der Praktischen Analysis, 2. Aufl., Berlin 1950.

Eingereicht: 7. 5. 1982

Anschrift: Prof. Dr. K.-H. BACHMANN, Sektion Mathematik der Karl-Marx-Universität Leipzig, DDR-7010 Leipzig, Karl-Marx-Platz

ZAMM **63**, 65–68 (1983)

H. HEINRICH / J. FOCKE

Über die Optimalität der Nordwesteckenregel beim Transportproblem mit biproportionalen Kosten

Zum Gedenken an FRIEDRICH ADOLF WILLERS aus Anlaß seines 100. Geburtstages

Bei der Behandlung des klassischen Transportproblems bestimmt man zunächst eine Anfangsbasislösung — am einfachsten mit der sog. *Nordwesteckenregel* (NW-Regel), wie sie beispielsweise in [1], S. 50ff., beschrieben ist — und erhält dann mittels des Transportalgorithmus nach endlich vielen Iterationen eine Optimallösung. Für das *Transportproblem mit biproportionalen Kosten* stellt, wie im folgenden gezeigt werden kann, bei geeigneter Numerierung der vorgegebenen Größen die mit der NW-Regel gefundene Anfangsbasislösung bereits die Optimallösung dar, und die weitere Anwendung eines Transportalgorithmus erübrigt sich.

Das Transportproblem mit biproportionalen Kosten bei vorgegebenen Vorratsgrößen $z_i > 0$, Bedarfsgrößen $s_j > 0$ und Kostenkoeffizienten p_i und q_j, $i = 1(1)\,m$, $j = 1(1)\,n$, lautet:

$$\sum_{j=1}^{n} x_{ij} = z_i > 0\,, \qquad i = 1(1)\,m\,, \tag{1.1}$$

$$\sum_{i=1}^{m} x_{ij} = s_j > 0\,, \qquad j = 1(1)\,n\,, \tag{1.2}$$

$$x_{ij} \geqq 0 \quad \text{für alle} \quad (i, j)\,, \tag{1.3}$$

$$Q := \sum_{i=1}^{m} \sum_{j=1}^{n} p_i q_j x_{ij} = \text{Min!} \tag{1.4}$$

Dabei werden Vorrat und Bedarf insgesamt als ausgeglichen vorausgesetzt:

$$\sum_{i=1}^{m} z_i = \sum_{j=1}^{n} s_j \left(= \sum_{i=1}^{m} \sum_{j=1}^{n} x_{ij}\right). \tag{1.5}$$

Formuliert man das Problem in Matrizenschreibweise, so bedeutet es die Aufgabe, die mit den Kostenvektoren

$$\boldsymbol{p} = (p_1, p_2, \dots, p_m)^{\mathrm{T}} \in \mathbb{R}^m\,, \quad \boldsymbol{q} = (q_1, q_2, \dots, q_n)^{\mathrm{T}} \in \mathbb{R}^n \tag{2.1}$$

gebildete *Bilinearform*

$$Q = \boldsymbol{p}^{\mathrm{T}} \boldsymbol{X} \boldsymbol{q} \tag{2.2}$$

über der Menge $\mathfrak{X}_{mn}[\boldsymbol{z}, \boldsymbol{s}]$ aller nichtnegativen (m, n)-Matrizen $\boldsymbol{X} = (x_{ij}) \geqq 0$ mit vorgegebenen Zeilen- und Spaltensummenvektoren

$$\boldsymbol{z} = (z_1, z_2, \dots, z_m)^{\mathrm{T}} > \boldsymbol{o}_m\,, \qquad \boldsymbol{s} = (s_1, s_2, \dots, s_n)^{\mathrm{T}} > \boldsymbol{o}_n \tag{2.3}$$

zu minimieren.

Die NW-Regel kann durch die folgende, von den gegebenen Werten z_i und s_j ausgehende *Rekursionsvorschrift* beschrieben werden:

$$\bar{x}_{11} := \min(z_1, s_1)\,, \tag{3.11}$$

$$\bar{x}_{ij} := \min\left(z_i - \sum_{\tau=1}^{j-1} \bar{x}_{i\tau},\; s_j - \sum_{\sigma=1}^{i-1} \bar{x}_{\sigma j}\right), \quad i = 1(1)\,m\,, \quad j = 1(1)\,n\,. \tag{3.ij}$$

Dabei entfällt für $j = 1$ die Summe im vorderen, für $i = 1$ die Summe im hinteren Term. Dadurch entsteht in eindeutiger Weise eine Matrix $\bar{\boldsymbol{X}} = (\bar{x}_{ij})$, die, wie sich durch Induktion beweisen läßt, ebenfalls nichtnegativ ist und die Zeilensummen z_i und die Spaltensummen s_j hat und daher zu $\mathfrak{X}_{mn}[\boldsymbol{z}, \boldsymbol{s}]$ gehört:

$$\bar{\boldsymbol{X}} \in \mathfrak{X}_{mn}[\boldsymbol{z}, \boldsymbol{s}]\,. \tag{4}$$

Mit dieser Matrix $\bar{\boldsymbol{X}}$ gilt nun der eingangs angekündigte

Satz: *Wird die Numerierung der Größen, was o. B. d. A. stets möglich ist, so vorgenommen, daß die Kostenkoeffizienten p_i und q_j gegensinnig geordnet sind:*

$$p_1 \leqq p_2 \leqq \dots \leqq p_m; \qquad q_1 \geqq q_2 \geqq \dots \geqq q_n \tag{5}$$

(oder umgekehrt), so liefert die Matrix $\bar{\boldsymbol{X}}$ unmittelbar das Minimum der Zielfunktion Q:

$$\sum_{i=1}^{m} \sum_{j=1}^{n} p_i q_j \bar{x}_{ij} = \text{Min}\left\{Q = \sum_{i=1}^{m} \sum_{j=1}^{n} p_i q_j x_{ij};\ (1.1) \text{ bis } (1.3)\right\}$$

oder

$$\boldsymbol{p}^{\mathrm{T}} \bar{\boldsymbol{X}} \boldsymbol{q} = \text{Min}\,\{Q = \boldsymbol{p}^{\mathrm{T}} \boldsymbol{X} \boldsymbol{q};\ \boldsymbol{X} \in \mathfrak{X}_{mn}[\boldsymbol{z}, \boldsymbol{s}]\}\,. \tag{6}$$

Dem **Beweis** des Satzes schicken wir eine *Hilfsbetrachtung* voraus. Mittels der oberen Dreiecksmatrizen

$$\boldsymbol{R}_p := \begin{pmatrix} 1 & 1 & \dots & 1 \\ 0 & 1 & \dots & 1 \\ \dots & \dots & \dots & \dots \\ 0 & 0 & \dots & 1 \end{pmatrix}, \qquad p = m \text{ bzw. } n\,, \tag{7.1}$$

läßt sich jeder (m, n)-Matrix $\boldsymbol{A} = (a_{ij})$ eine Matrix

$$\boldsymbol{E}(\boldsymbol{A}) = \boldsymbol{R}_m^{\mathrm{T}} \boldsymbol{A} \boldsymbol{R}_n \tag{7.2}$$

zuordnen, deren Elemente $e_{ij}(\boldsymbol{A})$ die Summen aller Elemente von $\boldsymbol{A}$ sind, die die (i, j)-Teilmatrix in der NW-Ecke von $\boldsymbol{A}$ bilden:

$$e_{ij}(\boldsymbol{A}) = \sum_{\sigma=1}^{i} \sum_{\tau=1}^{j} a_{\sigma\tau}\,. \tag{7.3}$$

Die Anwendung der Operation (7.2) auf die Matrizen $\boldsymbol{X} \in \mathfrak{X}_{mn}[\boldsymbol{z}, \boldsymbol{s}]$, insbesondere auf $\bar{\boldsymbol{X}}$, führt zu dem

Lemma 1: *Mit den Partialsummen*

$$Z_i := \sum_{\sigma=1}^{i} z_\sigma = z_1 + z_2 + \ldots + z_i\,, \tag{8.1}$$

$$S_j := \sum_{\tau=1}^{j} s_\tau = s_1 + s_2 + \ldots + s_j \tag{8.2}$$

der Zeilen- und Spaltensummen z_σ und s_τ gilt für alle Matrizen $X \in \mathfrak{X}_{m,n}[z, s]$

$$e_{ij}(X) \leqq \min(Z_i, S_j) \quad \textit{für alle} \quad (i, j)\,, \tag{9}$$

speziell für die rechten und unteren Randelemente von $E(X)$:

$$e_{in}(X) = Z_i\,, \qquad i = 1(1)\,m\,, \tag{10.1}$$

$$e_{mj}(X) = S_j\,, \qquad j = 1(1)\,n\,. \tag{10.2}$$

Für die Matrix $\overline{X}$ gilt in (9) für alle (i, j) das Gleichheitszeichen:

$$e_{ij}(\overline{X}) = \min(Z_i, S_j)\,. \tag{11}$$

Beweis des Lemmas 1: Aus der Definition (7.3) folgt wegen $X \geqq 0$

$$e_{ij}(X) = \sum_{\sigma=1}^{i} \sum_{\tau=1}^{j} x_{\sigma\tau} \begin{cases} \leqq \sum\limits_{\sigma=1}^{i} \Big(\sum\limits_{\tau=1}^{n} x_{\sigma\tau}\Big) = \sum\limits_{\sigma=1}^{i} z_\sigma = Z_i\,, & (12.1) \\ \leqq \sum\limits_{\tau=1}^{j} \Big(\sum\limits_{\sigma=1}^{m} x_{\sigma\tau}\Big) = \sum\limits_{\tau=1}^{j} s_\tau = S_j\,. & (12.2) \end{cases}$$

Daraus folgt (9). Für $j = n$ gilt in (12.1), für $i = m$ in (12.2) das Gleichheitszeichen. Das ergibt (10.1) bzw. (10.2). Die Gültigkeit von (11) wird durch Induktion bewiesen. Zunächst ist (11) für $(i, j) = (1, 1)$ erfüllt:

$$e_{11}(\overline{X}) = \overline{x}_{11} = \min(z_1, s_1) = \min(Z_1, S_1)\,. \tag{13.1}$$

Auf Grund der Definition (7.3) gilt rekursiv

$$e_{ij}(\overline{X}) = e_{i-1,j-1}(\overline{X}) + \sum_{\tau=1}^{j-1} \overline{x}_{i\tau} + \sum_{\sigma=1}^{i-1} \overline{x}_{\sigma j} + \overline{x}_{ij}\,, \tag{13.2}$$

wobei für $j = 1$ die erste, für $i = 1$ die zweite Summe entfällt. Mit (3.ij) ergibt sich daraus

$$e_{ij}(\overline{X}) = e_{i-1,j-1}(\overline{X}) + \sum_{\tau=1}^{j-1} \overline{x}_{i\tau} + \sum_{\sigma=1}^{i-1} \overline{x}_{\sigma j} + $$
$$+ \min\Big(z_i - \sum_{\tau=1}^{j-1} \overline{x}_{i\tau},\; s_j - \sum_{\sigma=1}^{i-1} \overline{x}_{\sigma j}\Big)\,. \tag{13.3}$$

Bezieht man die vorderen Terme in die Minimumbildung ein, so erhält man

$$e_{ij}(\overline{X}) = \min\Big\{z_i + e_{i-1,j-1}(\overline{X}) + \sum_{\sigma=1}^{i-1} \overline{x}_{\sigma j},\; s_j + e_{i-1,j-1}(\overline{X}) + \sum_{\tau=1}^{j-1} \overline{x}_{i\tau}\Big\} = \min\{z_i + e_{i-1,j}(\overline{X}),\, s_j + e_{i,j-1}(\overline{X})\}\,. \tag{13.4}$$

Setzt man nunmehr voraus, daß die Gültigkeit von

$$e_{i-1,j}(\overline{X}) = \min(Z_{i-1}, S_j)\,, \qquad e_{i,j-1}(\overline{X}) = \min(Z_i, S_{j-1})$$

bereits nachgewiesen ist, so folgt aus (3.11) und (13.4) durch Induktion für alle (i, j):

$$\begin{aligned} e_{ij}(\overline{X}) &= \min[z_i + \min(Z_{i-1}, S_j),\, s_j + \min(Z_i, S_{j-1})] = \\ &= \min(z_i + Z_{i-1},\, z_i + S_j,\, s_j + Z_i,\, s_j + S_{j-1}) = \\ &= \min(Z_i,\, z_i + S_j,\, s_j + Z_i,\, S_j) = \min(Z_i, S_j)\,. \end{aligned}$$

Damit ist Lemma 1 bewiesen.

Weiterhin benötigen wir das

Lemma 2: *Für alle Matrizen $X \in \mathfrak{X}_{mn}[z, s]$ gilt die Ungleichung*

$$E(\overline{X}) \geqq E(X)\,. \tag{14}$$

Beweis: Nach der Definition (7.3) und dem Lemma 1 gilt elementweise:

$$e_{ij}(\overline{X}) - e_{ij}(X) = \min(Z_i, S_j) - \sum_{\sigma=1}^{i} \sum_{\tau=1}^{j} x_{\sigma\tau}\,.$$

Es ist nun entweder

a) $Z_i \leqq S_j$ oder b) $Z_i > S_j$.

Im Fall a) erhält man wegen $X \geqq 0$

$$\begin{aligned} e_{ij}(\overline{X}) - e_{ij}(X) &= Z_i - \sum_{\sigma=1}^{i} \sum_{\tau=1}^{j} x_{\sigma\tau} \geqq Z_i - \sum_{\sigma=1}^{i} \Big(\sum_{\tau=1}^{n} x_{\sigma\tau}\Big) = \\ &= Z_i - \sum_{\sigma=1}^{i} z_\sigma = 0\,; \end{aligned}$$

im Fall b) ergibt sich ebenso

$$\begin{aligned} e_{ij}(\overline{X}) - e_{ij}(X) &= S_j - \sum_{\tau=1}^{j} \sum_{\sigma=1}^{i} x_{\sigma\tau} \geqq S_j - \sum_{\tau=1}^{j} \Big(\sum_{\sigma=1}^{m} x_{\sigma\tau}\Big) = \\ &= S_j - \sum_{\tau=1}^{j} s_\tau = 0\,. \end{aligned}$$

Daher ist in jedem Falle

$$e_{ij}(\overline{X} - X) = e_{ij}(\overline{X}) - e_{ij}(X) \geqq 0\,.$$

Das ist die Behauptung (14).

Für die unteren und die rechten Randelemente gilt wegen (10.1) und (10.2) das Gleichheitszeichen:

$$e_{in}(\overline{X} - X) = 0\,, \quad i = 1(1)\,m; \quad e_{mj}(\overline{X} - X) = 0\,, \quad j = 1(1)\,n\,. \tag{15}$$

Nach diesen Vorbereitungen kann jetzt die Aussage (6) unseres Satzes bewiesen werden.

Beweis des Satzes: Die mit den Kostenvektoren p und q gebildete Bilinearform der Differenz $\overline{X} - X$ lautet, wenn man mit

$$A = (R_m^{-1})^\mathsf{T}\, E(A)\, R_n^{-1} \tag{16}$$

auf die Definition (7.2) zurückgreift,

$$\begin{aligned} p^\mathsf{T}(\overline{X} - X)\, q &= p^\mathsf{T}(R_m^{-1})^\mathsf{T}\, E(\overline{X} - X)\, R_n^{-1} q = \\ &= (R_m^{-1} p)^\mathsf{T}\, E(\overline{X} - X)\, (R_n^{-1} q)\,. \end{aligned} \tag{17}$$

Die Matrix $E(\overline{X} - X)$ läßt sich unter Berücksichtigung von (15) als Blockmatrix in der Form

$$E(\overline{X} - X) = \begin{pmatrix} & & 0 \\ \hat{E}(\overline{X} - X) & & 0 \\ & & \vdots \\ 0 & 0 & 0 \end{pmatrix} \tag{18}$$

schreiben, wobei $\hat{E}(\overline{X} - X)$ die in der NW-Ecke von $\hat{E}(\overline{X} - X)$ stehende $(m - 1, n - 1)$-Teilmatrix ist. Die Vektoren $R_m^{-1} p$ und $R_n^{-1} q$ lassen sich wegen

$$R_p^{-1} = \begin{pmatrix} 1 & -1 & 0 & \ldots & 0 \\ 0 & 1 & -1 & \ldots & 0 \\ \ldots & \ldots & \ldots & \ldots & \ldots \\ 0 & 0 & 0 & \ldots & 1 \end{pmatrix}, \qquad p = m \text{ bzw. } n\,, \tag{19.1}$$

mittels der Differenzenvektoren

$$\Delta p = (p_2 - p_1, p_3 - p_2, \ldots, p_m - p_{m-1})^\mathsf{T} \in \mathbb{R}^{m-1}\,, \tag{19.2}$$

$$\Delta q = (q_2 - q_1, q_3 - q_2, \ldots, q_n - q_{n-1})^\mathsf{T} \in \mathbb{R}^{n-1} \tag{19.3}$$

in der Form

$$R_m^{-1} p = \begin{bmatrix} p_1 - p_2 \\ p_2 - p_3 \\ \vdots \\ p_{m-1} - p_m \\ p_m \end{bmatrix} = \begin{pmatrix} -\Delta p \\ q_m \end{pmatrix}, \qquad R_n^{-1} q = \begin{bmatrix} q_1 - q_2 \\ q_2 - q_3 \\ \vdots \\ q_{n-1} - q_n \\ q_n \end{bmatrix} = \begin{pmatrix} -\Delta q \\ q_n \end{pmatrix} \tag{20}$$

darstellen. Damit erhält man

$$\begin{aligned} p^\mathsf{T}(\overline{X} - X)\, q &= (-\Delta p^\mathsf{T} p_m) \begin{pmatrix} & & 0 \\ \hat{E}(\overline{X} - X) & & 0 \\ & & \vdots \\ 0 & 0 & 0 \end{pmatrix} \begin{pmatrix} -\Delta q \\ q_n \end{pmatrix} = \\ &= \Delta p^\mathsf{T} \hat{E}(\overline{X} - X)\, \Delta q\,. \end{aligned} \tag{21}$$

Da nach Lemma 2 alle Elemente von $\hat{E}(\overline{X} - X)$ nichtnegativ sind und für den Fall, daß die Kostenkoeffizienten den Ordnungsbeziehungen (5) genügen, alle Elemente von Δp nichtnegativ und alle Elemente von Δq nichtpositiv sind (oder umgekehrt), ist insgesamt

$$p^\top(\overline{X} - X)\, q \leqq 0\,, \qquad \text{d. h.} \quad p^\top \overline{X} q \leqq p^\top X q \quad \text{für alle} \quad X \in \mathfrak{X}_{mn}[z, s]\,, \tag{22}$$

Wegen $\overline{X} \in \mathfrak{X}_{mn}[z, s]$ ist damit die Behauptung (6) des Satzes bewiesen.

Zusätze und Bemerkungen

1. Mit Hilfe unseres Satzes ist es leicht möglich, auch das Maximum der Bilinearform Q bei gegensinnig geordneten Koeffizienten p_i, q_j zu bestimmen. Mit der (m, m)-Permutationsmatrix

$$\hat{U} = \begin{pmatrix} 0 & 0 & \dots & 0 & 1 \\ 0 & 0 & \dots & 1 & 0 \\ \dots & & & & \dots \\ 1 & 0 & \dots & 0 & 0 \end{pmatrix},$$

die bei der Anwendung auf einen m-Vektor die Reihenfolge seiner Elemente umkehrt, erhält man den

Zusatz 1: *Sind die Koeffizienten p_i und q_j gemäß (5) gegensinnig geordnet, so gilt*

$$\operatorname{Max}\{Q = p^\top X q;\, X \in \mathfrak{X}_{mn}[z, s]\} = p^\top[\hat{U}(\overline{\hat{U}X})]\, q = p^\top \overline{\overline{X}} q\,. \tag{23}$$

Dabei bedeutet das einfache Überstreichen der Matrix $\hat{U}X$ die Anwendung der NW-Regel bei umgekehrter Reihenfolge der Zeilensummen, das doppelte Überstreichen von X die Anwendung einer entsprechenden Nordostregel (NO-Regel) bei unveränderter Reihenfolge der Zeilensummen.

Beweis: Wegen $\hat{U}^\top \hat{U} = I_m$ ist

$$p^\top X q = p^\top \hat{U}^\top \hat{U} X q = (\hat{U}p)^\top (\hat{U}X)\, q = (\hat{U}p)^\top Y q\,. \tag{24.1}$$

Dabei ist $Y = \hat{U}X$ die Matrix, die aus X durch Umkehrung der Zeilenreihenfolge entsteht und daher zu $\mathfrak{X}_{mn}[\hat{U}z, s]$ gehört. Sind p und q gegensinnig geordnet, so sind $\hat{U}p$ und q gleichsinnig, $-\hat{U}p$ und q aber wieder gegensinnig geordnet. Daher gilt nach unserem Satz

$$(-\hat{U}p)^\top Y q \geqq (-\hat{U}p)^\top \overline{Y} q \quad \text{für alle} \quad Y \in \mathfrak{X}_{mn}[\hat{U}z, s] \tag{24.2}$$

und daher nach (24.1)

$$p^\top X q \leqq (\hat{U}p)^\top (\overline{\hat{U}X})\, q \quad \text{für alle} \quad X \in \mathfrak{X}_{mn}[z, s]\,. \tag{24.3}$$

Da $\hat{U}^\top = \hat{U}$ ist, ist dies die Behauptung (23).

Man hat danach, um das Maximum von Q bei gegensinnig geordneten Koeffizienten p_i und q_j zu bestimmen, erst die Reihenfolge der Zeilensummen umzukehren, dann die NW-Regel anzuwenden und schließlich die Umkehrung der Zeilenreihenfolge wieder rückgängig zu machen. Das läuft darauf hinaus, daß man bei unveränderter Reihenfolge der Zeilensummen statt der NW-Regel die entsprechende NO-*Regel* anwendet.

Beispiel: Es seien: $m = 3$, $n = 5$;

$$z = (10, 20, 5)^\top\,, \qquad s = (8, 5, 12, 7, 3)^\top;$$

$$p = (5, 20, 35)^\top\,, \qquad q = (50, 30, 25, 20, 10)^\top\,.$$

Die Anwendung der NW-Regel bedeutet das *maximal rasche Ausschöpfen der Zeilen- und Spaltensummen* von der NW-Ecke aus. Es liefert die Matrix

$$\overline{X} = \begin{pmatrix} 8 & 2 & 0 & 0 & 0 \\ 0 & 3 & 12 & 5 & 0 \\ 0 & 0 & 0 & 2 & 3 \end{pmatrix} \begin{matrix} 10 \\ 20 \\ 5 \end{matrix}$$
$$\begin{matrix} 8 & 5 & 12 & 7 & 3 & (35) \end{matrix}$$

Damit ergibt sich

$$\operatorname{Min}\{Q\} = (5, 20, 35) \begin{pmatrix} 8 & 2 & 0 & 0 & 0 \\ 0 & 3 & 12 & 5 & 0 \\ 0 & 0 & 0 & 2 & 3 \end{pmatrix} \begin{pmatrix} 50 \\ 30 \\ 25 \\ 20 \\ 10 \end{pmatrix} = 14\,550\,.$$

Die Anwendung der NW-Regel bei umgekehrter Reihenfolge der Zeilensummen und die anschließende Wiederumkehrung der Zeilenreihenfolge führen zu den Matrizen

$$\overline{\hat{U}X} = \begin{pmatrix} 5 & 0 & 0 & 0 & 0 \\ 3 & 5 & 12 & 0 & 0 \\ 0 & 0 & 0 & 7 & 3 \end{pmatrix} \begin{matrix} 5 \\ 20 \\ 10 \end{matrix},$$
$$\begin{matrix} 8 & 5 & 12 & 7 & 3 & (35) \end{matrix}$$

$$\overline{\overline{X}} = \hat{U}(\overline{\hat{U}X}) = \begin{pmatrix} 0 & 0 & 0 & 7 & 3 \\ 3 & 5 & 12 & 0 & 0 \\ 5 & 0 & 0 & 0 & 0 \end{pmatrix} \begin{matrix} 10 \\ 20 \\ 5 \end{matrix}.$$
$$\begin{matrix} 8 & 5 & 12 & 7 & 3 & (35) \end{matrix}$$

$\overline{\overline{X}}$ entsteht unmittelbar durch Anwenden der NO-Regel (maximal schnelles Ausschöpfen der Zeilen- und Spaltensummen von der NO-Ecke aus). Damit ergibt sich nach (23)

$$\operatorname{Max}\{Q\} = (5, 20, 35) \begin{pmatrix} 0 & 0 & 0 & 7 & 3 \\ 3 & 5 & 12 & 0 & 0 \\ 5 & 0 & 0 & 0 & 0 \end{pmatrix} \begin{pmatrix} 50 \\ 30 \\ 25 \\ 20 \\ 10 \end{pmatrix} = 21\,600\,.$$

2. Verzichtet man auf eine Voraussetzung über die Ordnung der Koeffizienten p_i, q_j und sind dementsprechend $p \in \mathbb{R}^m$ und $q \in \mathbb{R}^n$ beliebig, so erhält man mit (m, m)- bzw. (n, n)-Permutationsmatrizen U und V, die p und q in gegensinnig geordnete Vektoren Up und Vq überführen, den

Zusatz 2[1]):

$$\begin{matrix}\operatorname{Min} \\ \operatorname{Max}\end{matrix}\{p^\top X q;\, X \in \mathfrak{X}_{mn}[z, s]\} = \begin{cases} p^\top[U^\top(\overline{UXV^\top})\, V]\, q & (25.1) \\ p^\top[U^\top(\overline{\overline{UXV^\top}})\, V]\, q\,. & (25.2) \end{cases}$$

Der Beweis ergibt sich aus der Identität

$$p^\top X q = p^\top U^\top U X V^\top V q = (Up)^\top Y (Vq)$$

mit

$$Y = UXV^\top \in \mathfrak{X}_{mn}[Uz, Vs]$$

durch Anwendung von (6) und (23).

3. Ein wichtiger Sonderfall betrifft das sog. *Zuordnungsproblem*, bei dem $m = n$ ist und alle Vorrats- und Bedarfsgrößen gleich (o. B. d. A. gleich 1) sind:

$$z = s = e := (1, 1, \dots, 1)^\top\,. \tag{26}$$

Die Matrizen X sind in diesem Falle quadratisch und *doppelstochastisch* (vgl. z. B. [2], 1.4.2, S. 95). Ihre Menge $\mathfrak{X}_{nn}[e, e]$ werde im folgenden kurz mit $\mathfrak{X}_n$ bezeichnet.

Für doppelstochastische Matrizen $X \in \mathfrak{X}_n$ führt die NW-Regel auf die Einheitsmatrix I_n, die NO-Regel auf die Matrix $\hat{U}_n$:

$$\overline{X} = I_n = \begin{pmatrix} 1 & 0 & \dots & 0 \\ 0 & 1 & \dots & 0 \\ \dots & & & \dots \\ 0 & 0 & & 1 \end{pmatrix}, \qquad \overline{\overline{X}} = \hat{U}_n = \begin{pmatrix} 0 & \dots & 0 & 1 \\ 0 & \dots & 1 & 0 \\ \dots & & & \dots \\ 1 & \dots & 0 & 0 \end{pmatrix}.$$

Dementsprechend gilt für gegensinnig geordnete Koeffizientenvektoren p und q nach (6) und (23) der

Zusatz 3:

$$\begin{matrix}\operatorname{Min} \\ \operatorname{Max}\end{matrix}\{Q = p^\top X q;\, X \in \mathfrak{X}_n\} = \begin{cases} p^\top q = p_1 q_1 + p_2 q_2 + \dots + p_n q_n \\ p^\top \hat{U}_n q = p_1 q_n + p_2 q_{n-1} + \dots + p_n q_1\,. \end{cases} \tag{27}$$

Für die Teilmenge $\mathfrak{P}_n \subset \mathfrak{X}_n$ der (n, n)-Permutationsmatrizen P findet sich dieses Ergebnis bereits in [3] als *Rearrangement-Problem.*

Um für den Transportalgorithmus eine kostengünstige Anfangsbasislösung zu erhalten, wird statt der NW-Regel auch die „Regel der kleinsten Kosten“ empfohlen (vgl. z. B. [4], S. 351). Dabei wird schrittweise jeweils diejenige Variable x_{ij} mit ihrem größtmöglichen zulässigen Wert belegt, die den kleinsten Kostenkoeffizienten $p_i q_j$ besitzt. Im Falle der gegensinnigen Ordnung der $p_i \geqq 0$ und $q_j \geqq 0$ nach (5) ist $p_1 q_n$ dieser kleinste Kosten-

[1]) Der zu diesem allgemeinen Fall gehörige Algorithmus ist im Rechenzentrum der RWTH Aachen programmiert und mit Erfolg numerisch getestet worden. Dafür sei an dieser Stelle Frau Dr. ENGELN-MÜLLGES und Herrn SCHAFFELD gedankt.

koeffizient; es wäre als erstes $x_{11} = 1$ zu wählen, und man erhielte nach dieser Regel schrittweise die Anfangsbasislösung $\hat{x}_{ij}$ mit

$$\hat{x}_{1n} = \hat{x}_{2,n-1} = \dots = \hat{x}_{n,1} = 1\,, \qquad \hat{x}_{ij} = 0 \quad \text{sonst} \tag{28.1}$$

und dem Zielfunktionswert

$$\hat{Q} = p_1 q_n + p_2 q_{n-1} + \dots + p_n q_1\,. \tag{28.2}$$

Nach (27) ist dies aber gerade das Maximum von Q. Dieses Resultat zeigt deutlich die Problematik solcher heuristischer Regeln, was in diesem Fall noch dadurch unterstrichen wird, daß man dieselbe Lösung $\hat{x}_{ij}$ auch mittels einer „Regel der größten Kosten" erhalten würde.

4. Eine einfache Folgerung aus dem Lemma 2 ist der folgende

Zusatz 4. *Die mit Hilfe der NW-Regel gewonnene Matrix* $\overline{X}$ *ist eine Ecke der konvexen Matrizenmenge* $\mathfrak{X}_{mn}[z, s]$.

Beweis: Wäre $\overline{X}$ nicht Ecke von $\mathfrak{X}_{mn}[z, s]$, so müßte es zwei Matrizen $X^{(1)}$ und $X^{(2)} \neq X^{(1)}$ aus dieser Menge und dazu eine Zahl t, $0 < t < 1$, geben, so daß

$$\overline{X} = (1 - t)\, X^{(1)} + tX^{(2)}$$

wäre. Nach (14), Lemma 2, wäre dann

$$E(\overline{X}) \geqq E(X^{(1)}) \Rightarrow tE(X^{(2)} - X^{(1)}) \geqq 0\,,$$

$$E(\overline{X}) \geqq E(X^{(2)}) \Rightarrow (t - 1)\, E(X^{(2)} - X^{(1)}) \geqq 0\,.$$

Wegen $t > 0$ und $t - 1 < 0$ folgte daraus sowohl

$$E(X^{(2)} - X^{(1)}) \geqq 0 \quad \text{als auch} \quad E(X^{(2)} - X^{(1)}) \leqq 0\,.$$

Das ist nur möglich, wenn

$$E(X^{(2)} - X^{(1)}) = 0 \Rightarrow X^{(2)} - X^{(1)} = (R_m^{-1})^T\, E(X^{(2)} - X^{(1)})\, R_n^{-1} = 0$$

d. h. wenn entgegen der Voraussetzung $X^{(1)} = X^{(2)}$ ist.

Mit $\overline{X}$ zugleich sind auch alle daraus durch Zeilen- und/oder Spaltenpermutation hervorgehenden Matrizen $U\overline{X}V^T$ (darunter auch $\overline{\overline{X}}$) Ecken von $\mathfrak{X}_{mn}[z, s]$. Im Falle der doppelstochastischen Matrizen X (s. Bem. 3) führt dies wegen $\overline{X} = I_n$ auf einen Satz von Birkhoff [5], wonach die Permutationsmatrizen $P \in \mathfrak{P}_n$ die Ecken der konvexen Menge $\mathfrak{X}_n$ der doppelstochastischen (n, n)-Matrizen X sind. Es muß hervorgehoben werden, daß sich die Aussage des Zusatzes 4 zwar auch aus der allgemeinen Theorie der linearen Optimierung ergibt, wonach eine Linearform ihre Extremwerte über einer konvexen Menge in Ecken dieser Menge annimmt, hier aber ohne Rückgriff auf diese Theorie gewonnen werden konnte.

Literatur

1 Collatz, L.; Wetterling, W., Optimierungsaufgaben, 2. Aufl., Berlin-Heidelberg-New York, Springer 1971.
2 Marcus, M.; Minc, H., A Survey of Matrix Theory and Matrix Inequalities, in: The Prindle, Weber & Schmidt Complementary Series in Mathematics, Vol. 14, Boston (Mass.)-London-Sydney (1964).
3 Hardy, G. H.; Littlewood, J. E.; Pólya, G., Inequalities, Cambridge 1934.
4 Vogel, W., Lineares Optimieren, Leipzig 1967.
5 Birkhoff, G., Tres observaciones sobre el algebra lineal, Univ. Nac. de Tucumán, Revista, Ser. A 5, 147–151 (1946).

Eingereicht: 12. 4. 1952

Anschriften: em. Prof. Dr.-Ing. Dr. h. c. Helmut Heinrich, Technische Universität Dresden, Sektion Mathematik, WB Numerische Mathematik, Mommsenstraße 13, DDR-8027 Dresden;
Prof. Dr. Joachim Focke, Karl-Marx-Universität, Sektion Mathematik, Karl-Marx-Platz, Hauptgebäude, DDR-7010 Leipzig

ZAMM 63, 68–70 (1983)

P. Laasonen

Über die lokale Verkleinerung der Maschen und die Konvergenz des Netzverfahrens

Zum Gedenken an Friedrich Adolf Willers aus Anlaß seines 100. Geburtstages

Die Fehler des Netzverfahrens bei der angenäherten Lösung von elliptischen Differentialgleichungen sind im allgemeinen stark vom singulären Charakter der Randbedingungen abhängig, d. h. sowohl von der Form der Berandung als auch von der Singularität der Randwerte. So ist im Fall der harmonischen Funktionen nachgewiesen worden, daß z. B. stumpfwinklige Ecken der Randkurve eine wesentliche Vergrößerung des Diskretisierungsfehlers zur Folge haben. Die allgemein empfohlene Gegenmaßnahme erscheint natürlich: Das Netz wird in der Nähe einer solchen Ecke verdichtet. Der Effektivität dieser Maßnahme von Seiten der Mathematik her hat man jedoch nur wenig Beachtung geschenkt.

Im folgenden werden im Rahmen eines möglichst einfachen Beispiels gewisse hinreichende Bedingungen dafür gesucht, daß die oben genannte lokale Verdichtung den gewünschten Erfolg bringt. Es handelt sich um das Dirichletsche Problem mit stetigen analytischen Randwerten im zweidimensionalen Bereich, in dessen Rand eine Ecke mit einem Winkel von der Größe 2π es mit sich bringt, daß der Diskretisierungsfehler asymptotisch porportional zur Maschenweite ist und nicht zum Quadrat derselben, was der Fall wäre, wenn alle Eckenwinkel $\leqq \pi$ wären. Die Frage ist, ob an Hand einer richtig durchgeführten lokalen Verdichtung des Netzes auch die quadratische Abhängigkeit des Fehlers von der größten Maschenweite erreichbar wäre.

Der zu betrachtende Bereich D ist im rechtwinkligen kartesischen Koordinatensystem das Rechteck $|x| \leqq a$, $|y| \leqq b$, wobei aber auch die verdoppelte Strecke $-a \leqq x \leqq 0$, $y = 0$ zum Rand gehört. Die Randwerte an allen sieben Teilstrecken der gesamten Berandung sind durch reguläre analytische Funktionen gegeben. An den sieben Ecken, von deren Winkeln sechs die Größe $\pi/2$ und eine die Größe 2π haben, sind die Randwerte stetig. Der Einfachheit halber wird vorausgesetzt, daß der Wert am Nullpunkt gleich Null ist. Im folgenden bedeutet f die Lösungsfunktion von diesem Dirichletschen Problem.

Das gebräuchliche Verfahren zur Abschätzung des Diskretisierungsfehlers δ_h beim gleichmäßigen Netz gründet sich auf die Bildung einer zweckdienlichen Majorantenfunktion von der Form

$$G(x, y) = h^2[a^2 + b^2 - x^2 - y^2 + \sum_{\nu=1}^{6} g_\nu(x, y)] + h^{1-\varepsilon} \cdot g_0(x, y)$$

(z. B. [1], [3], [4]). Hier bedeuten die sieben Funktionen g_ν lokale Majoranten, die überall positiv sind und deren diskretisierte Laplacesche Ausdrücke Δ_h an den entsprechenden Ecken dominierend und negativ sind. Dann kann man auf die Existenz einer so großen Konstante K schließen, daß der Ausdruck Δ_h von KG denjenigen des Fehlers δ_h absolut majorisiert und daß in den Randknoten, in denen der Fehler verschwindet, die $KG \pm \delta_h$ somit positiv sind. Dies läßt dann den Schluß $|\delta_h| < KG$ zu. Nachfolgend wird gezeigt, daß im letzten Glied des obigen Ausdruckes $h^{1-\varepsilon}$ durch h^2 ersetzt werden kann, wenn das Netz für $h \to 0$ zweckdienlich in der Umgebung des Nullpunktes verdichtet wird.

Es ist zur Vereinfachung des Ausdruckes zweckmäßig, in der Umgebung des Nullpunktes neben dem gewöhnlichen geometrischen Abstand r auch das folgendermaßen definierte Maß anzuwenden:

$$\varrho(P(x, y)) = \max(|x|, |y|)\,.$$

$\varkappa$ sei eine positive Konstante, kleiner als $\frac{1}{2}$, und c eine weitere positive Konstante, kleiner als a und b. Im folgenden werden nur solche Netze betrachtet, deren Maschenweite h ein echter Bruch von c ist: $h = c/k$. Der ganzen Zahl k wird später eine untere Schranke k_0 gesetzt, die nur von f sowie von der Wahl von c und $\varkappa$ abhängt. Der Teil D_0 von D sowie das zugehörige Teilnetz sind durch die Beschränkung $\varrho \geqq c$ bestimmt. Im Teilgebiet $\varrho \leqq c$ wird das Netz jetzt folgendermaßen verdichtet. Mit D_ν, $\nu = 1, 2, \dots, n - 1$, wird der Teil $c \cdot 2^{-\nu} \leqq \varrho \leqq c \cdot 2^{-\nu+1}$ bezeichnet und mit Maschen von der Größe $h_\nu = h \cdot 2^{-\nu}$ und somit von der Anzahl $3k^2$ bedeckt. D_n wiederum, bestehend aus dem restlichen Gebiet $\varrho \leqq c \cdot 2^{-n+1}$, wird mit $4k^2$ Maschen der Größe $h_n = h \cdot 2^{-n}$ bedeckt. Im folgenden bedeuten diese Bezeichnungen D_ν, $\nu = 0, 1, \ldots, n$, sowohl die ebenen Gebiete als auch die derart konstruierten Teilnetze. Die gemeinsamen Grenzstrecken benachbarter Gebiete und Netze werden als zu beiden gehörend angesehen.

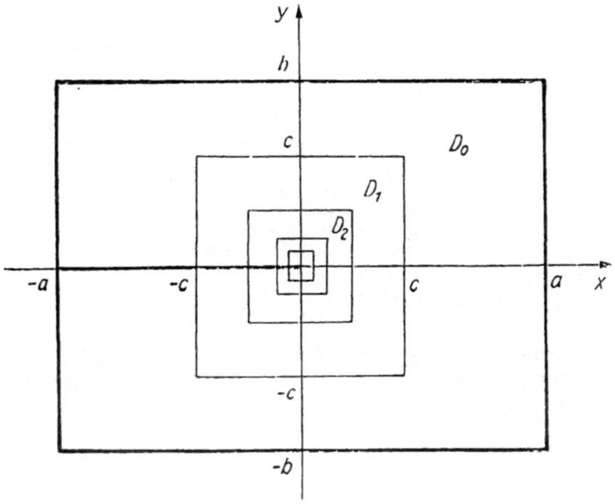

Abb. 1

In inneren Knoten des Teiles D_ν sowie in den Grenzknoten der Teile D_ν und $D_{\nu+1}$, von denen Maschenseiten in allen vier Richtungen ausgehen, wird der diskretisierte Laplacesche Ausdruck einer Funktion $\varphi(x, y) \in C_4$ mittels der Fünfpunkteformel gebildet:

$$\Delta_h \varphi(x, y) = h_\nu^{-2}[\varphi(x + h_\nu, y) + \varphi(x, y + h_\nu) + \varphi(x - h_\nu, y) + \\ + \varphi(x, y - h_\nu) - 4\varphi(x, y)] .$$

Seine Differenz zu $\Delta\varphi$ gehorcht der Abschätzung

$$|\Delta_h \varphi(x, y) - \Delta\varphi(x, y)| \leqq \tfrac{1}{6} h_\nu^2 M_4 ,$$

wobei M_4 eine obere Schranke der absoluten Werte der Ableitungen vierter Ordnung von φ in einer sachgemäß gewählten Umgebung von (x, y) bedeutet. In jedem zweiten Knoten der Grenzlinie von D_ν und $D_{\nu+1}$, in dem sich nur drei Maschenseiten vereinigen, muß ein modifizierter Ausdruck angewendet werden. In solchen Knoten, z. B. der Linie $|x| = c \cdot 2^{-\nu}$, setzen wir

$$\Delta_h \varphi(x, y) = \tfrac{1}{2} h_\nu^{-2}[6\varphi(x, y + h_{\nu+1}) + 6\varphi(x, y - h_{\nu+1}) + \\ + \varphi(x + h_\nu, y + h_{\nu+1}) + \varphi(x - h_\nu, y + h_{\nu+1}) + \\ + \varphi(x - h_\nu, y - h_{\nu+1}) + \varphi(x + h_\nu, y - h_{\nu+1}) - 16\varphi(x, y)]$$

und entsprechend in Knoten der Linie $|y| = c \cdot 2^{-\nu}$. Es gilt die Abschätzung

$$|\Delta_h \varphi(x, y) - \Delta\varphi(x, y)| \leqq \tfrac{11}{48} h_\nu^2 M_4 .$$

Die Näherungsfunktion f_h wird jetzt in allen Knoten des Netzes dadurch bestimmt, daß sie in den zur Berandung von D gehörigen Knoten die angegebenen Randwerte erreicht und daß in den inneren Knoten $\Delta_h f_h = 0$ gilt. Ihr Fehler wird mit den folgenden zwei in D positiven Funktionen verglichen:

$$F(P) = r^\varkappa \left(\frac{\cos \varkappa\varphi}{\cos \varkappa\pi} - 1\right), \qquad g(P) = r^{-\varkappa} \left(\frac{\cos \varkappa\varphi}{\cos \varkappa\pi} - 1\right);$$

hier bedeuten r und φ die Polarkoordinaten des Punktes P. Die diskretisierten Laplace-Ausdrücke derselben in den Knoten von D_ν, $\nu = 1, 2, \ldots, n - 1$, sind gemäß den obigen Abschätzungen

$$\Delta_h F = \Delta F + h_\nu^2 O(r^{\varkappa-4}) = -\varkappa^2 r^{\varkappa-2} \left(1 + O\left(\frac{h_\nu^2}{r^2}\right)\right),$$

$$\Delta_h g = \Delta g + h_\nu^2 O(r^{-\varkappa-4}) = -\varkappa^2 r^{-\varkappa-2} \left(1 + O\,\frac{h_\nu^2}{r^2}\right)\right).$$

Weil $\dfrac{h_\nu}{r} \leqq \dfrac{h}{c} = \dfrac{1}{k}$ in D_ν gilt, gibt es eine solche positive ganze Zahl k_0, daß die beiden Klammerausdrücke $1 + O\left(\dfrac{h_\nu^2}{r^2}\right) > \dfrac{1}{2}$ sind, sobald k die Bedingung $k \geqq k_0$ erfüllt. Die gleiche Abschätzung gilt auch in dem Teil $\overline{D}_n$ von D_n, der durch die Schranken $k_0 h_n \leqq \varrho \leqq c \cdot 2^{-n+1}$ definiert wird. In dem Teil $D_1 + D_2 + \ldots + D_{n-1} + \overline{D}_n$ gilt somit

$$\Delta_h F < -\tfrac{1}{2} \varkappa^2 r^{\varkappa-2} , \qquad \Delta_h g < -\tfrac{1}{2} \varkappa^2 r^{-\varkappa-2} . \tag{1), (2}$$

Wir bezeichnen mit $\overline{D} = D_0 + D_1 + \ldots + D_{n-1} + \overline{D}_n$ den Teil von D, in dem $\varrho \geqq k_0 h_n$ gilt. Neben der Funktion f_h, die in ganz D definiert wird, betrachten wir die in $\overline{D}$ folgendermaßen definierte Funktion $\overline{f}_h$: sie ist gleich f in den Randknoten, und $\Delta_h \overline{f}_h$ verschwindet in den inneren Knoten von $\overline{D}$. Die Abweichung der Funktion $\overline{f}_h$ von f wird mit $\overline{\delta}_h$ bezeichnet.

Die Singularität von f in der Nähe des Punktes $r = 0$ ist bekanntlich (z. B. [2]) von solcher Art, daß für gewisse Konstanten K_0 und K_4 in allen Gebieten D_ν, $\nu = 1, 2, \ldots, n$, die folgenden Abschätzungen gelten:

$$|f| \leqq K_0 r^{1/2} , \qquad \left|\frac{\partial^4 f}{\partial x^\mu \, \partial y^{4-\mu}}\right| \leqq K_4 r^{-7/2}, \qquad \mu = 0, 1, 2, 3, 4 .$$

Es gilt somit in D_ν, $\nu = 1, 2, \ldots, n - 1$,

$$\Delta_h \overline{\delta}_h = -\Delta_h f = h_\nu^2 O(r^{-7/2}) = k^{-2} O(r^{-3/2}) \tag{3}$$

und in $\overline{D}_n$:

$$\Delta_h \overline{\delta}_h = -\Delta_h f = h_n^2 O(r^{-7/2}) = k_0^{-2} O(r^{-3/2}) . \tag{4}$$

Eine Gegenüberstellung mit (1) ergibt nun die in beiden Fällen gültige Abschätzung

$$\frac{\Delta_h \overline{\delta}_h}{\Delta_h F} = k_0^{-2} O(r^{1/2-\varkappa}) \quad \text{in} \quad D_1 + D_2 + \ldots + D_{n-1} + \overline{D}_n .$$

Damit wird die Existenz einer Konstante K begründet, derart daß die Funktionen $KF \pm \overline{\delta}_h$ im Gebiet $D_1 + D_2 + \ldots + D_{n-1} + \overline{D}_n$ einen negativen Δ_h-Wert aufweisen. Mithin haben die beiden Funktionen auf der Berandung des Gebietes ihre kleinsten Werte. F ist überall positiv, $|\overline{\delta}_h|$ ist auf dem Randteil $\varrho = c$ durch $2 \cdot |f|_{\max}$ beschränkt und verschwindet in den übrigen Randknoten. Hieraus schließt man auf die Existenz eines so großen Wertes von K, daß jene Funktionen an allen Knoten des Gebietes positiv sind und somit also $|\overline{\delta}_h|$ durch KF beschränkt ist. Unter Berücksichtigung der Beschränkung $f = O(r^{1/2}) = O(r^\varkappa)$ in der Nähe des Nullpunktes bedeutet dieses, daß $\overline{f}_h$ im betrachteten Gebiet und besonders in $\overline{D}_n$ durch eine Abschätzung

$$\overline{f}_h = O(r^\varkappa) \quad \text{in } \overline{D}_n \tag{5}$$

beschränkt ist.

Im nächsten Schritt wird die Gültigkeit einer ähnlichen Abschätzung betreffend f_h bewiesen. Zu diesem Zweck brauchen wir die noch enger eingeschränkte Abschätzung

$$|\overline{f}_h| < K' \cdot h_n^\varkappa \quad \text{für} \quad \varrho = k_0 h_n \quad \text{und} \quad \varrho = (k_0 + 1)\, h_n ,$$

was offenbar eine direkte Folgerung aus (5) ist.

Die Anzahl m derjenigen Knoten von D, die nicht zu $\overline{D}$ gehören, ist nur von k_0 abhängig und bleibt somit konstant. Wir erweitern jetzt das Teilnetz $\overline{D}$, indem wir allmählich gegen den Nullpunkt fortschreiten, durch Anfügen je eines dieser Punkte $P_1, P_2, \ldots, P_m$ so, daß in jeder Phase beim Hinzufügen des Punktes P_j zu den früheren $\overline{D} + P_1 + \ldots + P_{j-1}$ eine neue Funktion $f_{h,j}$ definiert wird, und zwar durch die Forderung, daß $\Delta_h f_{h,j}$ in inneren Knoten verschwindet und in den Randknoten $f_{h,j}$ den Wert von f bekommt. $f_{h,0}$ ist also gleich $\overline{f}_h$ und $f_{h,m}$ gleich f_h.

Wir werden jetzt eine Folge von Werten $M_0, M_1, \ldots, M_m$ konstruieren, wobei M_j eine obere Schranke für $|f|$ in $D_n - \overline{D}_n$ sowie für $|f_{h,j}|$ in den Punkten $P_1 + P_2 + \ldots + P_j$ als auch in den Knoten mit $\varrho = k_0 h_n$ oder $\varrho = (k_0 + 1)\, h_n$ bedeutet. Der erste Wert dieser Folge ist nun $M_0 = K' \cdot h_n$. Q sei ein Nachbarknoten von P_j. Beim Hinzufügen des Punktes P_j zu $\overline{D} + P_1 + \ldots + P_{j-1}$ kann die Kategorie von Q derart verändert werden, daß, obwohl er früher ein Randknoten der Menge $\overline{D} + P_1 + \ldots + P_{j-1}$ war, er nunmehr ein innerer Knoten der Menge $\overline{D} + P_1 + \ldots P_j$ ist. Wenn das keinen Nachbarn von P_j betrifft, dann ist $f_{h,j} = f_{h,j-1}$. Betrachten wir jetzt den Fall, daß eine solche Veränderung den Punkt Q betrifft. Der Wert, den $f_{h,j}(P_j)$ haben müßte, damit $\Delta_h f_{h,j}(Q)$ gleich Null wäre, ist im allgemeinen nicht $f(P_j)$, aber absolut höchstens $7M_{j-1}$ und weicht somit von $f(P_j)$ höchstens um $8M_{j-1}$ ab. Der Unterschied zwischen $f_{h,j-1}$ und $f_{h,j}$ in den Knoten von $\overline{D} + P_1 + \dots + P_j$ beträgt somit höchstens $8M_{j-1}$, sodaß man $M_j = 9M_{j-1}$ zulassen kann. Das aber ergibt die Abschätzung

$$|f_h| \leqq 9^m K' \cdot h_n^\varkappa ,$$

die weiter die Existenz einer Konstante K'' sichert, derart daß in den Randknoten mit $\varrho = k_0 h_n$ von $\overline{D}$ nachfolgende Abschätzung gilt:

$$|\delta_h| \leqq K'' \cdot h_n^\varkappa \quad \text{für} \quad \varrho = k_0 h_n . \tag{6}$$

Weil die Abschätzungen (3) und (4) auch für $\Delta_h \delta_h$ anwendbar sind, bekommt man durch Vergleich mit (2) die Abschätzungen

$$\frac{\Delta_h \delta_h}{\Delta_h g} = h_\nu^2 O(r^{\varkappa - 3/2}) = h^2 O(r^{\varkappa + 1/2}) \quad \text{in} \quad D_1 + D_2 + \dots + D_{n-1},$$

$$\frac{\Delta_h \delta_h}{\Delta_h g} = h_n^2 O(r^{\varkappa - 3/2}) = O(h_n^{\varkappa + 1/2}) = h^2 O(h^{\varkappa - 3/2}) \cdot 2^{-n(\varkappa + 1/2)}$$

in $\overline{D}_n$.

Es ist klar, daß das erwünschte Ergebnis $\delta_h = O(h^2)$ nur dadurch zu erreichen ist, daß die Zahl n bei der abnehmenden Maschenweite h gleichzeitig wächst. Jetzt stellen wir die erste derartige Bedingung auf: *Diese Veränderungen sollen die Abschätzung*

$$2^{-n} = O\left(h^{\frac{3-2\varkappa}{1+2\varkappa}}\right) \tag{7}$$

erfüllen. Wenn dies der Fall ist, so können die obigen Abschätzungen einheitlich in der Form

$$\frac{\Delta_h \delta_h}{\Delta_h g} = h^2 O(1) \quad \text{in} \quad D_1 + D_2 + \dots + D_{n-1} + \overline{D}_n$$

geschrieben werden. Das aber bedeutet die Existenz einer Konstante K derart, daß die Funktionen $Kh^2 g + \delta_h$ ihre kleinsten Werte in $D_1 + \dots + D_{n-1} + \overline{D}_n$ in Randknoten erreichen. Das gleiche gilt für die vollständigeren Funktionen

$$Kh^2 [a^2 + b^2 - x^2 - y^2 + \sum_{\nu=1}^{6} g_\nu + g] \pm \delta_h \quad \textit{in } \overline{D} .$$

Mit Rücksicht auf (6) führt das jetzt zu

$$\delta_h = O(h^2) + O(h_n^\varkappa) = O(h^2) + O(h^\varkappa \cdot 2^{-n\varkappa}) \quad \textit{in } \overline{D} .$$

Eine hinreichende Bedingung für das Erreichen der einheitlichen Abschätzung $\delta_h = O(h^2)$ ist somit

$$2^{-n} = O(h^{(2-\varkappa)/\varkappa}); \tag{8}$$

sie macht die frühere Bedingung (7) offenbar überflüssig.

Das Ergebnis (8) bedeutet also, daß bei abnehmender Maschenweite h die Zahl n gemäß

$$n \approx \frac{2 - \varkappa}{\varkappa} \frac{|\ln h|}{\ln 2}$$

zunehmen muß. Da $\varkappa$ beliebig nahe dem Wert $\frac{1}{2}$ gewählt werden kann, könnte man hieraus heuristisch schließen, daß jede Halbierung der Maschenweite einen Zuwachs des Wertes n um 3 Einheiten erfordern würde, damit der Diskretisierungsfehler quadratisch von der größten Maschenweite abhängt. Eine Frage, die daraus natürlich folgt, ist, ob sich die derart durchgeführte lokale Verdichtung in Bezug auf die Genauigkeit mehr lohnt als die gleichmäßige Verkleinerung der Maschen.

Eine gewisse Antwort gibt die folgende theoretische Betrachtung. Es seien $a = b = 2c$. Als Ausgangsnetz diene ein Netz mit $16k^2$ gleichgroßen Maschen. Nach m Halbierungen der Maschenweite ist $n = 3m$, und wir haben ein Netzwerk mit $4^m(16 + 9m)\,k^2$ Maschen. Die Fehler sind dadurch im Verhältnis $1 : 4^m$ vermindert. Dasselbe Resultat wird im gleichmäßigen Netz erst durch $2m$ Halbierungen erreicht, nach denen die Anzahl der Maschen $4^{2m}k^2$ beträgt. Rein zahlenmäßig scheint jene Methode somit wesentlich effektiver zu sein als diese. Bei dem Vergleich hat man vorausgesetzt, daß das gleichmäßige Netz in unserem Fall Fehler erzeugt, die nicht stärker als linear der Maschenweite folgen. Gewisse experimentelle Ergebnisse deuten darauf hin, daß dies im allgemeinen tatsächlich der Fall ist; (z. B. [5]).

Es ist noch angebracht, eine Bemerkung über die Schärfe der Abhängigkeit (8) zu geben. Ein etwas kürzerer Beweisprozeß hätte anstatt (8) die noch engere Forderung $2^{-n} = O(h^{2/\varkappa})$ ergeben. Beide haben sich natürlich als hinreichend, aber durchaus nicht als notwendig für das erwünschte Ergebnis $\delta_h = O(h^2)$ erwiesen. Die Frage nach dem notwendigen Tempo der Verdichtung bleibt offen.

Literatur

1 Gerschgorin, S., Fehlerabschätzung für das Differenzenverfahren zur Lösung partieller Differentialgleichungen, ZAMM **10** (1930), 373–382.

2 Laasonen, P., On the behavior of the solution of the Dirichlet problem at analytic corners, Ann. Acad. Sci. Fenn. A I **241** (1957), 1–13.

3 Laasonen, P., On the degree of convergence of discrete approximations for the solutions of the Dirichlet problem, Ann. Acad. Sci. Fenn. A I **246** (1957), 1–19.

4 Laasonen, P., On the discretization error of the Dirichlet problem in a plane region with corners, Ann. Acad. Sci. Fenn. A I **408** (1967), 1–16.

5 Laasonen, P., Zur Theorie der Diskretisierungsfehler bei elliptischen Differentialgleichungen. IV. Intern. Kongress über Anwendungen der Mathematik in den Ingenieurwissenschaften. Weimar 1967, Berichte, Band 2. S. 122–130.

Eingereicht: 22. 4. 1982

Anschrift: Professor Dr. Pentti Laasonen, Technische Universität Helsinki, Otakaari 1, SF-02150 Espoo 15, Finnland

ZAMM 63, 70–72 (1983)

G. Meinardus

Über das asymptotische Verhalten von Iterationsfolgen

Zum Gedenken an Friedrich Adolf Willers aus Anlaß seines 100. Geburtstages

1. Die Konvergenzgeschwindigkeit einer gegebenen Folge kann oft beträchtlich beschleunigt werden, wenn man qualitative Informationen über das asymptotische Verhalten dieser Folge besitzt. In der vorliegenden Arbeit werden zwei Sätze dieser Art bewiesen, die sich auf rekursiv definierte Folgen reeller bzw. komplexer Zahlen beziehen. Hierbei ergibt sich die Rekursionsvorschrift aus der Iteration einer kontraktiven Abbildung zwecks Konstruktion des Fixpunktes. Die gewonnenen asymptotischen Entwicklungen schreiten nach Potenzen einer Zahl fort, deren Betrag kleiner als 1 ist.

Offenbar gibt es in der Literatur (vgl. [1], [3]) bisher nur Andeutungen für derartige asymptotische Aussagen. Wir zeigen hier noch die Nutzbarmachung der asymptotischen Information am numerischen Problem und Beispiel. Den Abschluß der Arbeit bilden Bemerkungen über mögliche Verallgemeinerungen.

2. Zunächst betrachten wir den reellen Fall.

Satz 1: *Es sei g eine reellwertige Funktion der reellen Variablen t, die das Intervall $[a, b]$ in sich abbildet. Weiter sei mit einem $r \in \mathbb{N}$ noch*

$$g \in C^{r+1}[a, b] \tag{1}$$

und

$$|g'(t)| \leqq \varrho < 1 \tag{2}$$

für alle $t \in [a, b]$. Es bezeichne η den eindeutig bestimmten Fixpunkt von g in $[a, b]$, d. h.

$$\eta \in [a, b] , \qquad \eta = g(\eta) , \tag{3}$$

und

$$\lambda = g'(\eta) . \tag{4}$$

Mit einer beliebig vorgegebenen Zahl $y_1 \in [a, b]$ sei y_n, $n \in \mathbb{N}$, die rekursiv durch

$$y_{n+1} = g(y_n) , \qquad n \in \mathbb{N} , \tag{5}$$

definierte Folge.

Dann besitzt diese Folge eine asymptotische Entwicklung

$$y_n = \eta + c_1 \lambda^n + c_2 \lambda^{2n} + \dots + c_r \lambda^{rn} + O(|\lambda|^{(r+1)\,n}) \tag{6}$$

für $n \to \infty$, vorausgesetzt, daß $\lambda \neq 0$ ist.

Beweis: Offenbar gehört jedes Element y_n der betrachteten Folge dem Intervall $[a, b]$ an, und es ist wegen (2) sicher

$$|y_{n+1} - \eta| = |g(y_n) - g(\eta)| \leqq \varrho |y_n - \eta| .$$

Es gibt somit eine reelle Zahl γ_1, so daß

$$|y_n - \eta| \leqq \gamma_1 \varrho^n \tag{7}$$

für alle $n \in \mathbb{N}$ gültig ist. Wir definieren die Folge v_n durch

$$v_n = (y_n - \eta)\,(g'(\eta))^{-n}, \qquad n \in \mathbb{N}. \tag{8}$$

Dann wird

$$y_n = \eta + v_n \lambda^n .$$

Es muß zunächst gezeigt werden, daß es eine Zahl $c_1 \in \mathbb{R}$ gibt mit

$$v_n = c_1 + O(|\lambda|^n) \tag{9}$$

für $n \to \infty$. Hierzu bemerken wir, daß aus (5) die Gleichung

$$v_{n+1} = (g(\eta + v_n\lambda^n) - g(\eta))\,\lambda^{-n-1} = (v_n\lambda^n g'(\eta) + \tfrac{1}{2} v_n^2 \lambda^{2n} g''(\tau))\,\lambda^{-n-1},$$

folgt. Hier ist τ ein Wert zwischen η und y_n. Mit (4) haben wir somit:

$$v_{n+1} = v_n + \tfrac{1}{2} v_n^2 \lambda^{n-1} g''(\tau) . \tag{10}$$

Vorerst ergibt sich aus (7) und (8) die grobe Abschätzung

$$|v_n| \leqq \gamma_1 \varrho^n |\lambda|^{-n} \tag{11}$$

für alle $n \in \mathbb{N}$. Mit einer Schranke γ_2 für den Betrag der zweiten Ableitung von g,

$$|g''(t)| \leqq \gamma_2 , \qquad t \in [a, b] ,$$

liefern (10) und (11) die rekursive Abschätzung

$$|v_{n+1}| \leqq |v_n| \cdot (1 + \gamma_3 \varrho^n) , \tag{12}$$

wobei

$$\gamma_3 \leqq \tfrac{1}{2} \gamma_1 \gamma_2 |\lambda|^{-1}$$

ist. Hieraus folgt nun

$$|v_{n+1}| \leqq (1 + \gamma_3\varrho)(1 + \gamma_3\varrho^2) \dots (1 - \gamma_3\varrho^n)\,|v_1| . \tag{13}$$

Wegen $0 < \varrho < 1$ konvergiert das Produkt

$$\prod_{\nu=1}^{\infty} (1 + \gamma_3 \varrho^\nu) . \tag{14}$$

Somit ist die Folge v_n sogar beschränkt. Aus (10) ergibt sich daher die Existenz einer reellen Zahl γ_4, für die

$$|v_{n+1} - v_n| \leqq \gamma_4 |\lambda|^n$$

ist für $n \in \mathbb{N}$. Für je zwei natürliche Zahlen k und n mit $k > n$ haben wir also

$$|v_k - v_n| \leqq \sum_{\mu=n}^{k-1} |v_{\mu+1} - v_\mu| \leqq \gamma_4 \sum_{\mu=n}^{k-1} |\lambda|^\mu ,$$

d. h.

$$|v_k - v_n| \leqq \frac{\gamma_4}{1 - |\lambda|} |\lambda|^n . \tag{15}$$

Damit ist die Folge v_n eine Cauchy-Folge. Ihr Grenzwert sei mit c_1 bezeichnet. Nun erkennt man aus (15) die Gültigkeit von (9).

Für $r = 1$ ist unser Satz nunmehr bewiesen. Jetzt sei $r > 1$. Wir dürfen annehmen, daß für eine natürliche Zahl m mit $m < r$ bereits die Existenz von Zahlen $c_1, c_2, \dots, c_m$, die unabhängig von n sind, bewiesen sei, mit denen die Beziehung

$$y_n = \eta + c_1\lambda^n + c_2\lambda^{2n} + \dots + c_m\lambda^{mn} + O(|\lambda|^{(m+1)n}) \tag{16}$$

für $n \to \infty$ gilt. Wir zeigen, daß (16) dann auch mit $m + 1$ an Stelle von m richtig ist. Definiert man die Folge w_n durch

$$w_n = \Big(y_n - \eta - \sum_{\mu=1}^{m} c_\mu \lambda^{\mu n}\Big)\,\lambda^{-(m+1)n} \tag{17}$$

für $n \in \mathbb{N}$, so muß bewiesen werden, daß

$$w_n = c_{m+1} + O(|\lambda|^n) \tag{18}$$

für $n \to \infty$ ist, wobei c_{m+1} von n nicht abhängt. — Auf Grund unserer Voraussetzung ist die Folge w_n beschränkt. Die Iterationsvorschrift (5) für die Folge y_n kann in der Form

$$\eta + \sum_{\mu=1}^{m} c_\mu \lambda^{\mu(n+1)} + w_{n+1}\lambda^{(m+1)(n+1)} = g\Big(\eta + \sum_{\mu=1}^{m} c_\mu \lambda^{\mu n} + w_n \lambda^{(m+1)n}\Big)$$

geschrieben werden. Mit der Abkürzung

$$\varphi_n(\lambda) = y_n - \eta = \sum_{\mu=1}^{m} c_\mu \lambda^{\mu n} + w_n \lambda^{(m+1)n}$$

folgt unter Benutzung von (1) die Abschätzung

$$\eta + \sum_{\mu=1}^{m} c_\mu \lambda^{\mu(n+1)} + w_{n+1}\lambda^{(m+1)(n+1)} = g(\eta) + \varphi_n(\lambda)\,g'(\eta) + \frac{1}{2}(\varphi_n(\lambda))^2 g''(\eta) + \dots + \frac{1}{(m+1)!}(\varphi_n(\lambda))^{m+1} g^{(m+1)}(\eta) + O(|\lambda|^{(m+2)n})$$

für $n \to \infty$. In dieser Beziehung darf man den von λ unabhängigen Term und vor allem die Koeffizienten der Potenzen $\lambda^n, \lambda^{2n}, \dots, \lambda^{(m+1)n}$ miteinander vergleichen.

Bei der Potenz $\lambda^{(m+1)n}$ ergibt sich mit einer durch die Koeffizienten $c_1, c_2, \dots, c_m$ elementar und rational ausdrückbaren Zahl ξ die Vergleichsbeziehung

$$w_{n+1} = \frac{w_n}{\lambda^m} + \xi + O(|\lambda|^n) \tag{19}$$

für $n \to \infty$. Es gibt also eine beschränkte Folge δ_n, $n \in \mathbb{N}$, so daß

$$w_{n+1} = \frac{w_n}{\lambda^m} + \xi + \delta_n \lambda^n \tag{20}$$

gilt. Wie man leicht nachprüft, besitzt jede Lösung der linearen Differenzengleichung (20) die Darstellung

$$w_n = \frac{-\xi\lambda^m}{1 - \lambda^m} + \Big(w_1 + \frac{\xi\lambda^m}{1-\lambda^m} + \lambda^{m+1} \sum_{\mu=1}^{n-1} \delta_\mu \lambda^{(\mu-1)(m+1)}\Big)\,\lambda^{-m(n-1)} . \tag{21}$$

Setzt man

$$\sum_{\mu=1}^{n-1} \delta_\mu \lambda^{(\mu-1)(m+1)} = \omega + O(|\lambda|^{n(m+1)})$$

für $n \to \infty$, so erhält man aus (21) sofort:

$$w_n = -\frac{\xi\lambda^m}{1-\lambda^m} + \Big(w_1 + \frac{\xi\lambda^m}{1-\lambda^m} + \lambda^{m+1}\omega\Big)\,\lambda^{-m(n-1)} + O(|\lambda|^n)$$

für $n \to \infty$. Es gibt somit nur eine einzige beschränkte Lösung der Differenzengleichung (20). Sie liegt dann vor, wenn

$$w_1 = -\frac{\xi\lambda^m}{1-\lambda^m} - \lambda^{m+1}\omega$$

ist. Damit gilt

$$w_n = -\frac{\xi\lambda^m}{1-\lambda^m} + O(|\lambda|^n)$$

für $n \to \infty$, was der Behauptung (18) entspricht.

Der Beweis von Satz 1 ist hiermit beendet.

3. Im Fall einer komplexen Variablen gilt eine entsprechende Aussage.

Satz 2: *Es sei M eine beschränkte, abgeschlossene und konvexe Teilmenge eines Gebietes G der komplexen z-Ebene. Weiter sei g eine komplexwertige, in G holomorphe Funktion, die die Menge M in sich abbildet. Es gelte dabei*

$$\sup_{z \in M} |g'(z)| \leqq \varrho < 1 . \tag{22}$$

Es bezeichne η den eindeutig bestimmten Fixpunkt von g in M und

$$\lambda = g'(\eta) .$$

Mit einer beliebig vorgegebenen Zahl $z_1 \in M$ sei z_n, $n \in \mathbb{N}$, die rekursiv durch

$$z_{n+1} = g(z_n) , \qquad n \in \mathbb{N} ,$$

definierte Folge.

Dann besitzt diese Folge eine asymptotische Entwicklung

$$z_n = \eta + c_1\lambda^n + c_2\lambda^{2n} + \dots + c_r\lambda^{rn} + O(|\lambda|^{(r+1)n}), \tag{23}$$

für $n \to \infty$ *und für jedes* $r \in \mathbb{N}$, *vorausgesetzt, daß* $\lambda \neq 0$ *ist.*

Beweis: Wir können den Beweis von Satz 1 fast völlig übernehmen. Lediglich die Formel (10) ist nicht in der dortigen Form verwendbar. Es wird jedoch nur die Abschätzung

$$v_{n+1} = v_n + O(|v_n|^2 \cdot |\lambda|^n)$$

benötigt. Die Konvexität der Menge M ermöglicht die erforderlichen Abschätzungen der Absolutbeträge der Ableitungen von g, gleichmäßig in M.

4. Die in den Sätzen 1 und 2 in den Restgliedern auftretenden Konstanten sind im Prinzip auch numerisch erfaßbar. Als in diesem Zusammenhang wichtigsten Ausdruck behandeln wir das Produkt

$$h(\tau, \varrho) = \prod_{\nu=1}^{\infty} (1 + \tau\varrho^\nu), \tag{24}$$

das für $\tau = \gamma_3$ in (14) auftritt. Hier sei nun τ eine beliebige komplexe Zahl und ϱ ein komplexer Parameter mit

$$|\varrho| < 1. \tag{25}$$

Satz 3: *Mit den obigen Bezeichnungen gilt für* $\varrho \neq 0$ *die Abschätzung*

$$|h(\tau, \varrho)| \leqq \exp\left\{\frac{1}{2\log\frac{1}{|\varrho|}}\left(\log^2(1 + |\tau|) + 2\log(1 + |\tau|)\right)\right\}. \tag{26}$$

Bemerkung: Bei festem Wert von ϱ ist $h(\tau, \varrho)$ eine ganze Funktion von τ. Ferner besitzt $h(\tau, \varrho)$ die Wachstumsordnung Null, wie man unmittelbar der Abschätzung (26) entnimmt.

Beweis von Satz 3: Es ist

$$|h(\tau, \varrho)| \leqq h(|\tau|, |\varrho|)$$

und

$$\log h(|\tau|, |\varrho|) \leqq \sum_{\nu=1}^{\infty} \log(1 + |\tau| \cdot |\varrho|^\nu) \leqq \int_0^\infty \log(1 + |\tau| \cdot |\varrho|^x)\, dx =$$

$$= \frac{1}{\log\frac{1}{|\varrho|}} \int_0^{\log(1+|\tau|)} \frac{te^t}{e^t - 1}\, dt \leqq \frac{1}{\log\frac{1}{|\varrho|}} \int_0^{\log(1+|\tau|)} (1 + t)\, dt,$$

woraus sich die Behauptung (26) sofort ergibt.

5. Aus dem Beweis von Satz 1 geht bereits hervor, daß der Koeffizient c_μ, $\mu \geqq 2$, einer asymptotischen Entwicklung (6) bzw. (23) sich rational durch c_1 und die Werte der Ableitungen der Funktion g bis zur Ordnung μ im Fixpunkt η ausdrücken läßt.

So ist z. B.

$$C_2 = -\frac{c_1^2 g''(\eta)}{2\lambda(1 - \lambda)}.$$

Die allgemeinen Formeln hierfür findet man in [1]. Andererseits ist der Koeffizient c_1 schwer berechenbar, denn er hängt wesentlich vom Anfangswert y_1 bzw. z_1 ab. Eine Ausnutzung der asymptotischen Beziehung kann somit nur durch Elimination sukzessiver Terme der Entwicklung (6) bzw. (23) erfolgen. Auf diese Weise ergibt sich eine realistische Verallgemeinerung des sogenannten AITKEN-Verfahrens (vgl. [2]), die noch viele Modifikationen offen läßt.

Ist n bereits hinreichend groß, so stellt für $\mu = 1, 2, \dots, r$ der Ausdruck

$$\varkappa_{n,\mu} = \left(\frac{y_{n+2} - y_{n+1}}{y_{n+1} - y_n}\right)^\mu$$

wegen der aus (6) folgenden Beziehung

$$\varkappa_{n,\mu} = \lambda^\mu + c_{\mu 1}\lambda^n + c_{\mu 2}\lambda^{2n} + \dots + c_{\mu r}\lambda^{rn} + O(|\lambda|^{(r+1)n}) \tag{27}$$

für $n \to \infty$ eine gute Approximation an die Potenz λ^μ dar. Daher erhält man aus der Folge y_n die Folgen $y_n^{(\mu)}$ durch die Vorschrift

$$y_n^{(0)} = y_n; \qquad y_n^{(\mu+1)} = y_n^{(\mu)} + \frac{y_{n+1}^{(\mu)} - y_n^{(\mu)}}{1 - \varkappa_{n,\mu+1}} \tag{28}$$

für $\mu = 0, 1, \dots, r - 1$ und alle hinreichend großen natürlichen Zahlen n. Dabei ist

$$y_n^{(\mu)} = \eta + O(|\lambda|\,\lambda^{(\mu+1)\,n}) \tag{29}$$

für $n \to \infty$. Den Nachweis von (27) und (29) überlassen wir dem Leser. — Gegenüber einer wiederholten Anwendung des AITKEN-Verfahrens ergibt sich hier eine erhebliche Vereinfachung, verbunden mit größerer Stabilität.

Wir geben ein numerisches Beispiel: Ausgehend vom Wert $y_1 = 1$ berechnen wir die einzige reelle Lösung der Gleichung

$$t = \cos t$$

mit Hilfe der Rekursionsvorschrift

$$y_{n+1} = \cos y_n, \qquad n \in \mathbb{N}.$$

Auf 6 Dezimalstellen genau ist

$$\eta = 0.739085.$$

Da

$$\lambda = g'(\eta) = -0.673\dots$$

einen relativ großen Absolutbetrag besitzt, ist die Konvergenz der Folge y_n ziemlich langsam. Man benötigt in der Tat 36 Schritte zur Erzielung der obigen Genauigkeit. Mit der Vorschrift (28) wird, auf 6 Dezimalstellen genau,

n	$y_n = y_n^{(0)}$	$y_n^{(1)}$	$y_n^{(2)}$	$y_n^{(3)}$
1	1.000000	0.728010	0.738808	0.739075
2	0.540302	0.733665	0.739163	0.739082
3	0.857553	0.736906	0.739061	0.739085
4	0.654290	0.738050	0.739092	
5	0.793480	0.738636		
6	0.701369			
7	0.763960			

Es ist klar, daß die obigen allgemeinen Bemerkungen auch für den komplexen Fall gelten.

6. Es scheint durchaus möglich, auch für mehrdimensionale und sogar für unendlichdimensionale Iterationsfolgen unter geeigneten Voraussetzungen ähnliche asymptotische Aussagen zu gewinnen. An Stelle des Wertes λ der Ableitung der Abbildungsfunktion g im Fixpunkt η muß das volle Spektrum der Fréchet-Ableitung im Fixpunkt der gegebenen kontraktiven Abbildung betrachtet werden. Dies macht die Anwendung der asymptotischen Aussagen auf Fragen der Konvergenzbeschleunigung schwierig. Hier, und nicht in der Herleitung der asymptotischen Aussagen, liegen die interessanten und wichtigen Probleme.

Literatur

1 LEVY, H., LESSMANN, F., Finite Difference Equations, Pitman and Sons London 1959.

2 MEINARDUS, G.; MERZ, G., Praktische Mathematik II, Bibliogr. Institut, Mannheim 1982.

3 SAATY, T. L.; BRAM, J., Nonlinear Mathematics, McGraw-Hill Book Company, New York 1964.

Eingereicht: 27. 4. 1982

Anschrift: Professor Dr. GÜNTER MEINARDUS, Lehrstuhl für Mathematik IV, Universität Mannheim, Seminargebäude A 5, B 123, D-6800 Mannheim 1, BRD

FSC
www.fsc.org
MIX
Papier | Fördert gute Waldnutzung
FSC® C083411

Zeitfracht Medien GmbH
Ferdinand-Jühlke-Straße 7
99095 Erfurt, Deutschland
produktsicherheit@kolibri360.de